国家自然科学基金项目（42177147、42090055）
中央高校基金项目（CUG2642022006）
江苏省“十四五”重点出版物出版规划项目

U0818395

数据驱动的
水库滑坡灾害智能评估

马俊伟　著

中国矿业大学出版社
·徐州·

内容提要

本书总结了基于数据驱动的灾变过程智能分析流程；基于文献计量构建了地质灾害风险智能分析知识图谱；系统收集了三峡库区670个发生变形破坏的滑坡资料，总结了流域滑坡时空分布特征；基于两步聚类算法和决策树C5.0算法，建立了阶跃型滑坡位移速率决策树模型；基于互信息特征选择，开展了水库滑坡特征选择与评价；基于元启发式算法，开展支持向量机超参数优化，建立了水库滑坡位移智能模型；基于自动机器学习，开展了三峡库区秭归至巴东段滑坡易发性评价。

本书可为从事滑坡风险分析理论研究和技术应用的科研人员及工程技术人员提供参考，也可以作为高等学校地质工程、土木工程、资源与环境等专业本科生和研究生的参考用书。

图书在版编目(CIP)数据

数据驱动的水库滑坡灾害智能评估 / 马俊伟著. —徐州：中国矿业大学出版社，2024.12

ISBN 978-7-5646-5965-3

Ⅰ. ①数… Ⅱ. ①马… Ⅲ. ①水库—坝体—滑坡—灾害防治—研究 Ⅳ. ①TV698.2

中国国家版本馆CIP数据核字(2023)第183038号

书　　名　数据驱动的水库滑坡灾害智能评估
著　　者　马俊伟
责任编辑　吴沛沛　王美柱　满建康
出版发行　中国矿业大学出版社有限责任公司
（江苏省徐州市解放南路　邮编 221008）
营销热线　(0516)83885370　83884103
出版服务　(0516)83995789　83884920
网　　址　http://www.cumtp.com　**E-mail**:cumtpvip@cumtp.com
印　　刷　江苏淮阴新华印务有限公司
开　　本　787 mm×1092 mm　1/16　**印张** 10.25　**字数** 262 千字
版次印次　2024年12月第1版　2024年12月第1次印刷
定　　价　50.00元

前 言

我国地形地貌多样，地质条件复杂，受到强烈的地质改造作用和构造与地震活动的影响；同时降雨在时空上分布不均，使中国成为世界上滑坡地质灾害较为严重的国家之一，每年由于滑坡造成的人员伤亡和财产损失在全球居首位。与此同时，中国也是世界上拥有最多水库大坝的国家，目前已建成各类水库大坝超过 9.8 万座，总库容超过 9×10^{11} m^3。国内外已有的水库统计数据显示，水库的蓄水和运行往往会引发大量的地质灾害，对水库运行和库区安全构成威胁。例如，1941—1953 年期间，美国大古力水库(Grand Coulee Reservoir)发生了 500 多处滑坡，仅仅在蓄水后的两年内就发生了 245 处滑坡。意大利的瓦依昂水库(Vajont Reservoir)在蓄水后的第三年发生了巨型滑坡，导致 2 600 人死亡，水库被废弃。在中国，湖北黄龙滩水库蓄水后发生了 73 处滑坡，迫使 11 900 人搬迁，相当于蓄水淹没地区人口的 80%。

2016 年，我国开始实施的长江经济带发展战略面临着水库滑坡严峻挑战。以三峡枢纽工程为代表的高坝大库集中在高地震烈度、深切峡谷、地质条件极为复杂的西部地区，水库滑坡地质灾害极其发育。统计数据显示，三峡库区存在 4 429 处崩塌和滑坡隐患点，大规模滑坡普遍发生。例如，2003 年 7 月 13 日发生了秭归千将坪滑坡，其体积约为 2.4×10^7 m^3，导致 14 人死亡，10 人失踪，346 座房屋倒塌，农田和工厂遭受严重破坏；三峡库区巴东县黄土坡滑坡体积达 6.96×10^7 m^3，威胁 2 万多居民的生命财产安全；而藕塘滑坡体积达 9.0×10^7 m^3，威胁 3 900 余人的生命财产安全。

当前，地质灾害防治进入数字经济时代，大数据的应用正在推动科学研究范式的转变。截至“十三五”末，我国已建立了 1 个国家级和 31 个省级地质灾害信息系统；在山地丘陵区县(市、区)方面，完成了 805 个县(市、区)的 1∶5 万较为详细的地质灾害调查工作，全国累计完成了 1 885 个县(市、区)的地质灾害调查，覆盖了所有山地丘陵区县(市、区)的地质灾害调查工作；此外，完成了 41 060 处地质灾害隐患点的勘查工作，并在 28 914 处地质灾害隐患点部署了监测设备。

《全国地质灾害防治“十四五”规划》明确了下一阶段地质灾害防治的核心任务之一，即提升地质灾害风险防控信息服务水平。为实现这一目标，计划利用人工智能、移动互联、区块链、大数据等技术，动态汇聚海量地质灾害风险数据和基础地质信息，以实现及时、科学监管地质灾害隐患点。同时，加强对地质灾害风险的动态精准评价，有效而精准地管控地质灾害风险区域，进一步完善各级地质灾害综合信息平台。通过这些措施，旨在提高地质灾害防控工作的科学性和准确性，更好地应对地质灾害风险。

第四研究范式建立在实验科学、理论推演和计算机仿真等前三种科学研究范式的基础上，它将传统的假设驱动方法转变为基于海量数据进行科学发现的研究范式。在基于数据驱动的滑坡灾害智能评估中，不再需要对滑坡机理进行详尽的描述，而是基于大量的历史数据集，建立输入与输出之间的经验映射关系。数据驱动的模型具有实现简单、准确性高、不依赖机理和适用性强等优点。

数据驱动的第四研究范式提供了一种新的思考方式和方法论，帮助研究者更好地利用数据资源，加速科学发现和创新。本书总结了基于数据驱动的水库滑坡灾害智能评估流程；基于文献计量构建了地质灾害风险智能评估知识图谱，查明了地质灾害风险智能评估领域主要研究人员、机构、国家和热点研究问题，总结了目前主要人工智能算法在地质灾害智能评估研究中的优势和局限性，并对未来的发展方向进行了探讨；系统收集了三峡库区670个发生变形破坏的滑坡资料，总结了流域滑坡时空分布特征；基于两步聚类算法和决策树C5.0算法，建立了阶跃型水库滑坡位移速率决策树模型；基于互信息特征选择，开展了阶跃型水库滑坡特征选择与评价；基于元启发式算法，开展支持向量机超参数优化，建立了阶跃型水库滑坡位移智能预测模型；基于自动机器学习，开展了三峡库区秭归至巴东段滑坡易发性评价。

本书是作者近年来在水库滑坡地质灾害智能防控领域研究和学习的总结，相关研究成果已在*Landslides*，*Engineering Applications of Artificial Intelligence*，*Stochastic Environmental Research and Risk Assessment*，*Sensors*等SCI期刊发表。本书获得了国家自然科学基金项目（42177147、42090055）和中央高校基金项目（CUG2642022006）的资助。

本书在创作过程中得到了郭海湘、刘晓的帮助。牛晓旭、江盛、刘志扬、雷东泽、任治源、谭春海等参与了统稿校对，在此一并表示感谢。

由于作者水平所限，书中难免存在不足之处，敬请广大读者批评指正。

著　者

2023年3月

目　录

第 1 章　绪论 ······ 1
1.1　概述 ······ 1
1.2　水库滑坡研究动态 ······ 3

第 2 章　数据驱动的水库滑坡灾害智能评估概述 ······ 7
2.1　数据驱动的第四研究范式 ······ 7
2.2　数据驱动的人工智能技术概述 ······ 8
2.3　数据驱动的水库滑坡灾害智能评估基本流程 ······ 9

第 3 章　基于文献计量的地质灾害智能评估知识图谱 ······ 15
3.1　概述 ······ 15
3.2　地质灾害智能评估的知识图谱构建 ······ 17
3.3　未来研究趋势 ······ 32

第 4 章　三峡库区滑坡时空分布特征及典型实例 ······ 34
4.1　滑坡分布特征 ······ 34
4.2　滑坡变形响应特征 ······ 37
4.3　典型水库滑坡实例分析 ······ 45

第 5 章　水库滑坡位移速率预测决策树模型 ······ 57
5.1　决策树算法 ······ 57
5.2　聚类分析及两步聚类法 ······ 60
5.3　水库滑坡位移速率预测决策树模型 ······ 62
5.4　阶跃型滑坡位移速率决策树模型实例分析 ······ 63

第 6 章　基于互信息的水库滑坡特征选择 ······ 74
6.1　互信息特征选择 ······ 74
6.2　基于分解-重构的水库滑坡位移预测 ······ 79
6.3　水库滑坡位移预测特征选择实例分析 ······ 83

第 7 章　基于元启发超参数优化水库滑坡位移预测 ······ 90
7.1　元启发式算法 ······ 90

7.2 基于元启发式算法和支持向量回归的滑坡位移预测非参数检验 …… 100
7.3 元启发优化支持向量回归位移预测非参数检验实例分析 …… 102
7.4 讨论 …… 112

第 8 章 基于自动机器学习的水库滑坡易发性评价 …… 114
8.1 概述 …… 114
8.2 方法 …… 116
8.3 研究区域和数据集 …… 119
8.4 滑坡易发性制图 …… 123
8.5 结果 …… 132

参考文献 …… 141

第1章　绪　论

1.1　概述

我国地形地貌多样，山地丘陵约占国土面积的65%，地质条件复杂，构造与地震活动强烈，降雨时空分布不均，是世界上滑坡地质灾害非常严重的国家，每年因滑坡导致的人员伤亡和财产损失均居世界首位。据《全国地质灾害防治"十四五"规划》，截至2020年年底，全国登记在册地质灾害隐患点共有328 654处，潜在威胁1 399万人和6 053亿元财产的安全。按类型划分，滑坡130 202处、崩塌67 383处、泥石流33 667处、不稳定斜坡84 782处，其他类型地质灾害12 620处。"十三五"期间，全国共发生地质灾害34 218起，造成1 234人死亡（失踪）、直接经济损失160亿元。

同时，我国又是世界上水库极多的国家，现已建成各类水库9.8万余座，包括世界上近40%的大型水库，水库总淹没面积为50 085.21 km^2，总蓄水量约为979.62 km^3（Song等，2022），流域面积50 km^2及以上河流45 203条，常年水面面积1 km^2及以上湖泊2 865个。库区地质灾害对水库大坝的正常运行和库区居民的生命财产安全造成了极大的威胁。如1941—1953年期间，美国大古力水库（Grand Coulee Reservoir）发生500余处滑坡，仅蓄水后2年内就发生245处滑坡；意大利瓦依昂水库（Vajont Reservoir）蓄水后第3年发生了巨型滑坡，造成2 600人死亡和水库报废；我国湖北黄龙滩水库蓄水后发生滑坡73处，因滑坡移民11 900人，相当于蓄水淹没地区人口的80%；1961年3月，湖南柘溪水库塘岩光大型滑坡，冲入水库后形成21 m的涌浪越过施工中的坝顶，造成40余人伤亡；2003年，秭归县千将坪滑坡，进入青干河引起20 m高的涌浪，造成24人伤亡或失踪、346间房屋倒塌，打翻22只船舶，造成高达8 000多万元的经济损失。

长江全长约6 300 km，干流沿线自西向东横贯中国中部11省区市，干流沿线区域生产总值占全国比重超过40%，人口占比达40%以上。长江流域从江源到江口跨越了我国大陆地貌三级巨大阶梯区，滑坡地质灾害数量多、规模大，是我国滑坡地质灾害高发区（图1-1）。据《全国地质灾害防治"十四五"规划》，长江中上游三峡库区被化为滑坡崩塌重点防治区。该区域包括重庆东北部以及湖北西南部部分地区，面积约为1.56×10^5 km^2，占全国重点防治区总面积的5%。区内地质灾害隐患点分布密度是全国平均数的3.3倍。区内以中山地貌为主，坡陡谷深，主要受北东向褶皱带和黄陵背斜为主的近南北向构造影响，区内地质灾害具有带状和相对集中于城镇等人口聚集区分布的特点。库水位周期性变化、水位消落区岩体劣化、降雨等是区内地质灾害主要引发因素。

三峡库区跨越大巴山南麓及鄂西山地，地形地质条件复杂，是我国二级阶地和三级阶地的过渡地段，多高山峡谷，降雨时空分布集中，多年平均降水量为1 000～1 300 mm，是世

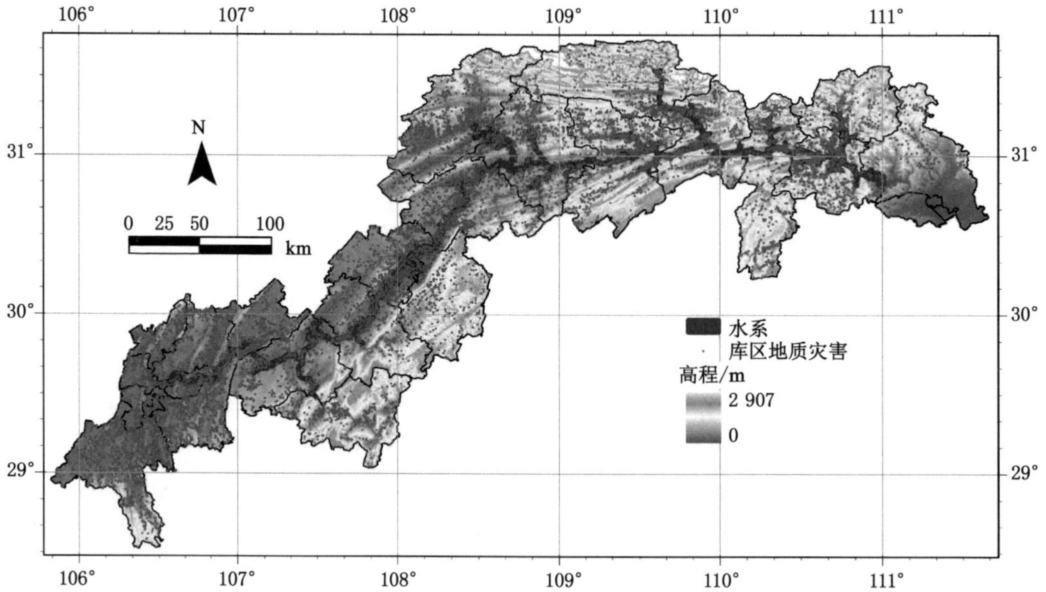

图 1-1 三峡库区地质灾害点分布

界上滑坡地质灾害极发育和危害极为严重的地区，统计资料显示，三峡库区共有崩塌、滑坡隐患点约 4 429 处。三峡工程正常蓄水水库全长 660 km，最宽处 2 000 m，水域面积达 1 084 km^2；每年水位在 145～175 m 之间周期波动，受库水位影响的滑坡多达 2 600 余处。水库水位大幅度上升和周期性涨落以及降雨联合作用，极大地改变了库岸水文环境与应力环境，打破了水库岸坡原有平衡条件，诱发滑坡地质灾害，对大坝、航运及城镇造成极大的灾害风险。

现阶段地质灾害防治进入数字经济时代，大数据的应用推动了科学研究范式的转变。第四研究范式是指在科学研究中，由于大数据和先进的计算技术的发展，数据成为一种重要的研究驱动力量和科学探索的关键因素。第四研究范式在实验科学、理论推演、计算机仿真等前三种科学研究范式的基础上，将传统的假设驱动转为基于海量数据进行科学发现的研究范式。

2015 年 8 月 31 日，国务院发布了《促进大数据发展行动纲要》，提出了我国大数据发展的顶层设计。在地质领域，早在 2013 年就提出了建立国家地质环境数据库的构想；2014 年，中国地质调查局开始建设地质大数据和地质云平台；2017 年 11 月，中国地质调查局发布了我国首个国家地质大数据共享服务平台“地质云 1.0”，该平台首次将国家核心地质数据库向社会全领域公开共享，并提供地质信息一站式云端共享服务；2021 年 5 月 26 日，中国地质调查局正式宣布上线“地质云 3.0”，该平台为国家重大战略实施和全社会提供了权威科学的地球科学数据信息服务。

具体而言，在地质灾害领域，据《全国地质灾害防治“十四五”规划》，截至“十三五”末，我国建立了 1 个国家级、31 个省级地质灾害信息系统；完成了 805 个山地丘陵区县(市、区) 1∶5 万较详细地质灾害调查，全国累计完成 1 885 个县(市、区)的地质灾害调查，覆盖全部山地丘陵区县(市、区)；完成 41 060 处地质灾害隐患点勘查；在 28 914 处地质灾害隐患点布设监测设备，长江三角洲、华北平原、汾渭盆地等地的13个省(区、市)共建成水准监测点12 861个，GPS(全球定位系统)监测点1 403个，GPS固定站205个，InSAR(合成孔径雷达干涉)监测覆盖范围达 7.5×10^5 km^2。据《中国地质调查局年度报告(2022)》，我国地质灾害普适型监测网规模达4.5万处，监测设备21万台套，传感器/测项达35万个，截至2022年11月，国家地质灾害智能预警系统接收数据总量达12.52 TB。

《全国地质灾害防治"十四五"规划》指出，下一阶段地质灾害防治的核心任务之一为提升地质灾害风险防控信息服务水平，即利用人工智能、移动互联、区块链、大数据等技术，动态汇聚海量地质灾害风险数据和基础地质信息，及时、科学监管地质灾害隐患点，加强地质灾害风险动态精准评价，有效、精准管控地质灾害风险区，健全完善各级地质灾害综合信息平台。简而言之，迎接数字经济时代，开展地质灾害智慧防控。

基于数据驱动的滑坡灾变过程智能评估，无须对滑坡机理详尽描述，而是以大量的历史数据集为基础，建立输入与输出之间的经验映射关系。数据驱动的模型具有实现简单、准确性高、不依赖机理和适用性强等优点。数据驱动的第四研究范式提供了一种新的思考方式和方法论，帮助研究者更好地利用数据资源，加速科学发现和创新。

1.2 水库滑坡研究动态

水库滑坡形成演化机理的研究是其变形与稳定研究的基础，水库滑坡时间与空间预测是滑坡灾害防灾减灾的重要途径。下面从水库滑坡形成演化机理、水库滑坡时间预测和水库滑坡空间预测等3个方面对国内外相关研究进行总结。

1.2.1 水库滑坡形成演化机理

水库滑坡形成演化机理的研究由来已久，特别是一系列灾难性的水库滑坡灾害如塘岩光滑坡、瓦伊昂(Vajont)滑坡、千将坪滑坡等(Genevois et al.,2005;李守定等,2008)，促使全世界范围内开始关注和重视库岸滑坡，加强水库滑坡形成演化机理的研究。现阶段针对水库滑坡形成演化机理已经形成了普遍共识：水库滑坡的形成演化是内外因素共同作用的结果(肖诗荣等,2013;唐辉明,2015)，孕灾地质环境是滑坡形成的内因，控制着滑坡的形成和发展，而周期性的水动力活动对滑坡的变形起着重要的激励作用(卢书强等,2014;周家文等,2019)。

孕灾地质环境的研究以流域范围内的滑坡为研究对象，开展工程地质的比较和统计分析(乔建平等,2004)，分析滑坡形成演化同地形地貌(梁学战等,2009)、地质构造(聂世平等,1987)和地层岩性(乔建平等,2004;李晓等,2008)基本规律和共性，揭示流域范围内的孕灾地质环境。上述研究主要集中在三峡库区(刘广润等,2002;王孔伟等,2007)和西南地区。

地层岩性是水库滑坡孕灾地质环境主要的影响因素之一。库岸堆积层滑坡的易发地层一般具备以下特征：抗剪强度低，结构较为松散，遇水敏感性高(软化、崩解、细颗粒流失、应力状态改变等)(Varnes,1978;Cruden et al.,1996;刘广润等,2002;Hungr et al.,2014;H. M. Tang et al.,2019;周家文等,2019)。以三峡库区为例：三峡库区三叠系巴东组、侏罗系软硬相间的砂泥岩岩组或泥岩类岩组为区域内易发地层，该地层中发育的崩滑体数量最多，规模以大中型为主，累计总体积大，占全库区崩滑体总数的 87.3%、总体积的 91.1%（M. G. Tang et al.，2019）。

上述研究表明，水库滑坡的形成和演化是内外因素共同作用的结果。滑坡自身的地质结构，如滑带、坡体内部的软弱夹层等是水库滑坡变形演化的内因，而库水位波动和暴雨入渗是滑坡变形演化的外因。外部水文环境的改变会引起滑坡内部渗流场的变化，同时也会引起滑坡岩土体，尤其是滑带土微观结构、渗透特性和强度特性的改变（王思敬等，1996；王士天等，1997；严福章等，2003）。

1.2.2 水库滑坡时间预测

水库滑坡时间预测的研究经历了四个发展历程。

（1）20 世纪 60—70 年代，这个阶段主要根据滑坡发生破坏前的宏观现象，再结合相关经验进行滑坡灾害预测。1965 年，在日本学者斋藤迪孝提出第一个滑坡预报经验公式之后（Saito，1969），滑坡灾害预测研究工作正式开始。斋藤迪孝在大量的滑坡室内实验及现场位移监测资料分析的基础上，提出了蠕变破坏的 3 个阶段，建立了滑坡蠕变速率与临滑时间的滑坡预报经验公式，并将其成功应用于 1970 年日本高汤山滑坡预报。1977 年，E. Hoek 在斋藤迪孝提出的滑坡预报经验公式的基础上对滑坡位移监测曲线提出了外延法，并研究应用于智利丘基卡马塔（Chuquicamata）矿山滑坡。此外，Hayashi、Komamura 等也分别在斋藤迪孝提出的滑坡预报经验公式的基础上进行了拓展研究（黄润秋，2004）。在此阶段，我国关于滑坡预测预报的研究资料较少，最早开展滑坡预报相关研究工作的是原铁道部科学研究院西北研究所，通过对滑坡岩土体进行稳定性分析、滑动迹象调查以及简单的滑坡宏观变形观测，成功应用于宝成铁路须家河滑坡的预测预报（曾裕平，2009）。此阶段对于滑坡预测预报的研究大多以定性和经验判断为主，因此主观性较强，预测预报的结果往往因人而异，精度不高，但在研究过程中也累积了大量有用的滑坡预测预报相关经验，为以后的进一步研究奠定了基础（王念秦等，2008）。

（2）20 世纪 80 年代，这个阶段的滑坡灾害预测主要根据位移-时间监测统计数据，将一些现代数理学理论应用其中，包括概率论、数理统计等方法，通过建立不同的数理学模型拟合滑坡的位移-时间曲线，从而对滑坡灾害进行预测。王思敬等（1989）通过对大型高速滑坡的研究分析，提出了关于边坡失稳前总变形量和位移速率的综合预报方法。1985 年，日本学者福囿通过滑坡大比例尺模型实验，提出了对滑坡破坏时间进行预报的"福囿法"（李艳华等，2013）。陈明东等（1988）将灰色 GM(1,1) 模型引入滑坡位移-时间的研究中。晏同珍等（1988）将 Verhulst 生物生长模型应用于滑坡预测预报。张倬元等（1988）通过对事件发生前非平稳状态的研究，提出了黄金分割法对滑坡破坏时间进行预报。秦四清等（1990）提出了用马尔可夫链状预测法对滑坡变形破坏趋势进行预测。除此之外，时间序列法、指数平滑法、正交多项式法、泊松旋回法等被引入滑坡预测预报的研究中，使得滑坡统计预测预报日趋完善（Haruyama et al.，1984；Einstein，1988；刘鼎文，1989；王效宁，1989）。该阶段滑坡预测预报的研究侧重对数学理论方法的探索应用。

（3）20 世纪 90 年代至 21 世纪初，这个阶段主要运用综合、非线性、跟踪预报的方法对滑坡灾害进行预测预报。由于滑坡系统复杂的非线性以及相关研究的进一步深入，以往的经验公式模型和统计分析模型对于滑坡灾害预测的局限性也逐渐表现出来，探索更为准确的滑坡预测方法成为研究的重点。因此在这个阶段，随着对非线性理论的研究更加深入，诸多理论方法被提出，如灰色理论、协同理论、突变理论、混沌理论、神经网络理论、信息论、控制论等。将这些理论方法与滑坡灾害预测相结合涌现出了很多研究成果，其中一些具有代表性的模型方法有：秦四清等(1993)通过对非线性工程地质学进行阐述，率先提出滑坡孕育过程的非线性动力学模型；黄润秋等(1997)通过对组成斜坡的各子系统进行研究，提出了协同预测模型，可用于对滑坡进行短期或临滑预报；刘华明等(2003)根据滑坡位移时间序列的非线性性质，将时间序列方法引入滑坡位移预测中，建立滑坡预测的非线性混沌模型。

(4) 进入21世纪，受益于现代人工智能的快速发展，神经网络、支持向量机和极限学习机算法等机器学习算法越来越多地被应用于构建基于数据驱动的滑坡灾害预测模型(Du et al.，2013；Zhang et al.，2021)。李邵军等(2004)构建了基于时间序列和遗传算法的滑坡位移预测模型。吴益平等(2007)将BP神经网络与灰色GM(1,1)模型相结合，应用于茅坪滑坡的位移预测。刘晓等(2009)引入集对分析(SPA)理论，并结合模糊马尔可夫(fuzzy-Markov)理论对滑坡SPA模型中的不确定性系数进行二次预测，提出了滑坡变形SPA-fuzzy-Markov预测新模型。黄发明(2017)提出了一种基于多变量和极限学习机的滑坡位移组合预测模型，并将其应用于三峡库区白水河滑坡的位移预测。杨帆等(2019)提出了一种基于时间序列的人工蜂群算法与支持向量回归机相结合的滑坡位移预测模型，并应用于三峡库区白水河滑坡的位移预测。近年来，针对滑坡灾害预测预报模型与参数存在的诸多不确定性，概率预测模型也逐渐受到重视(Ma et al.，2018；Lian et al.，2020；Wang et al.，2020)。同时，对多个预测模型的结果取加权平均建立组合预测模型(Ma et al.，2020a；Li et al.，2021)也被用于改善传统预测模型精度和可靠性。基于数据驱动的模型无须建立精确的解析模型，而以滑坡历史监测数据为基础，从数据中抽象出近似模型来逼近真实情况。

1.2.3　水库滑坡空间预测

区域滑坡易发性评价研究旨在确定某区域内滑坡易发地点的位置。该评价关注的是滑坡在区域内发生的空间概率，并不考虑滑坡发生的时间概率。在早期，区域滑坡的空间预测采用定性方法，但由于定性预测的准确性不高，人们逐渐开始采用定量方法进行区域滑坡的空间预测。进入20世纪末，随着“3S”技术[遥感(RS)、地理信息系统(GIS)和全球定位系统(GPS)]的引入，区域滑坡灾害空间预测进入新阶段。举例来说，Guidicini等(1977)通过分析巴西境内九个地区的滑坡位移监测数据与当地降雨量之间的统计关系，绘制了滑坡危险等级图。殷坤龙等(2007)等将风险管理应用于滑坡预警中，首次提出采用地理信息系统(GIS)技术对滑坡进行危险性分区，并通过将地理信息系统技术与Web网络平台相结合，开发了Web-GIS滑坡灾害预测预报系统。乔建平(2012)对将地理信息系统技术应用于三峡库区滑坡危险性评价进行了研究探讨。张永兴(2005)将地理信息系统空间分析与BP神经网络相结合，开发了滑坡灾变智能预测系统，并将其应用于重庆万州区滑坡危险性评价，取得了良好效果。

在滑坡易发性制图的研究中，国内外专家学者已经进行了大量的研究，可以将其方法分为四类：物理模型、启发式模型、统计模型和机器学习模型(Huang et al.，2020；Merghadi et al.，2020)。

物理模型主要利用滑坡失稳机制的物理-力学模型，将区域滑坡的稳定性系数转化为滑坡易发性等级并制图。Fall等(2005)通过研究区域滑坡稳定性系数，对区域滑坡易发性进行研究。兰恒星等(2003)将改进SINMAP模型用于云南小江流域降雨型滑坡危险性评价。刘磊等(2016)将TRIGRS模型用于三峡库区万州主城区滑坡易发性评价。物理模型需要对滑坡过程进行清晰明确的物理解释，因此主要适用于局部范围的研究。

启发式模型涵盖了网络分析法、专家打分法、层次分析法以及模糊数学法等方法。以层次分析法(analytic hierarchy process，AHP)为例，该方法基于层次结构和专家判断，通过比较和权衡不同因素的重要性，最终确定滑坡易发性的综合评价。许多国内外学者已经成功地将这些启发式模型应用于滑坡易发性评价(Ruff et al.，2008；许冲等，2009；Ghosh et al.，2010；Pourghasemi et al.，2012；张纫兰等，2014)。启发式模型(如层次分析法)在很大程度上依赖专业知识，因此具有相当高的主观性。

统计模型，如证据权重法和频率比法，主要依赖滑坡编录信息与相关环境因子之间的线性关系，用以分析区域滑坡发生的空间概率(Reichenbach et al.，2018；Huang et al.，2020)。然而，这些模型仅能表达简单的线性关系，难以捕捉环境因子与滑坡易发性指数之间的非线性关系。

近年来，机器学习方法在滑坡易发性制图中得到了广泛应用，因为它们能够更准确地计算滑坡易发性和环境因子之间的非线性关系(Merghadi et al.，2020)。常用的机器学习算法包括但不限于：人工神经网络(Ermini et al.，2005；Gómez et al.，2005)、逻辑回归(Ayalew et al.，2005；Lombardo et al.，2018)、支持向量机(Yao et al.，2008；Huang et al.，2018；Xia et al.，2022)、随机森林(Catani et al.，2013；Taalab et al.，2018；Zhang et al.，2023)、决策树(Wang et al.，2017)、极度随机树(Song et al.，2020)、朴素贝叶斯(Tsangaratos et al.，2016)、k近邻(Bui et al.，2017)、梯度增强(Chen et al.，2020)和神经模糊算法(Chen et al.，2019)等。与此同时，集成学习和深度学习等复杂的机器学习方法也逐渐应用于滑坡易发性制图(Huang et al.，2019；Wang et al.，2019；Ngo et al.，2021；Wang et al.，2021)。

在区域滑坡易发性评价中，选择合适的评价单元至关重要。目前常用的评价单元包括栅格划分单元、自然斜坡划分单元、子流域划分单元、均一条件单元和行政区划单元。其中，栅格划分单元和自然斜坡划分单元是较为常见的单元划分方式。栅格单元具有地貌表达简明和模型计算效率高的优点，但其难以准确表征真实地形地貌，缺乏明确的地质特征；自然斜坡单元基于山谷山脊线、河流网络等真实地貌特征进行划分，可以得到多个真实斜坡，具有较明确的地质特征。

第 2 章　数据驱动的水库滑坡灾害智能评估概述

2.1　数据驱动的第四研究范式

范式(paradigm)是由美国科学哲学家托马斯·库恩(T. Kuhn)提出的一个科学哲学概念(Kuhn,1996),指一种共同的理论基础、方法论或方法体系,用于解释和探索特定领域的问题。范式为研究者提供了一种思考和分析问题的方式,为研究领域提供了规范和框架,促进了知识的发展和进步。

美国计算机科学家,图灵奖得主吉姆·格雷(J. Gray)将科学研究范式的发展历程概括为四个阶段,即实验科学、理论推演、计算机仿真和数据密集型科学发现(Hey et al.,2009)。

实验科学范式起源于 18 世纪以前,该范式侧重经验事实记录描述的实用性科学。研究方法以观测、实验和归纳为主,产生的比较有代表性的学科有伽利略的物理学、动力学等。

理论推演范式起源于 19 世纪以前,该范式偏重理论总结、归纳和概括,强调普遍性的理论认知,研究方法以演绎法为主,产生的比较有代表性的理论包括牛顿三大定律、开普勒定律等。

计算机仿真范式起源于 20 世纪中期以后,该范式是通过模型构建、定量分析或者利用计算机来分析解决科学问题的研究范式,主要研究方式包括数值模拟、模型拟合与数据分析、计算优化等。

数据密集型科学发现范式,即第四研究范式,是从第三范式——计算机仿真范式中分离出来的研究范式,起源于 21 世纪初,在前三种研究范式的基础上,它将实验、理论和计算仿真结合起来,由传统的假设驱动转为基于海量数据进行科学发现。

第四范式运用大数据和新兴机器学习的方法,而不再纯粹依靠传统理论研究的数学建模、经验观察和复杂计算。美国硅谷科学家总结出数据密集型第四范式区别于以往科研范式的一些主要特征:① 大数据的探索将整合现有理论、实验和模拟;② 大数据可以由不同物联网设备捕捉或由模拟器产生;③ 由大型并行计算系统和复杂编程处理来发现隐藏在大数据中的宝贵信息(新知识);④ 科学家通过数据管理和统计学来分析数据库,并处理大批量研究文件,以获取发现新知识的新途径。

数据驱动的第四研究范式强调以下几个方面的重要性:① 研究者需要积极主动地收集、存储和管理数据,包括传感器数据、实验数据、观测数据、模拟数据等。② 研究者可以使用先进的数据分析技术和计算方法来探索和分析大数据集,以发现数据中的模式、关联和趋势。这些技术包括机器学习、数据挖掘、统计分析、可视化等。③ 数据驱动的研究范式促进了不同学科领域之间的合作和交叉,以解决复杂的科学问题。通过共享和整合多学科的数据资源和专业知识，研究者可以获得更全面和深入的科学洞察。④ 数据驱动的第四研究范式倡导开放共享科学数据和研究成果，以促进科学研究的可重复性、可验证性和协作性。研究者可以通过数据共享平台、开放获取出版和科学合作网络等手段来实现这一目标。

2.2 数据驱动的人工智能技术概述

人工智能是计算机科学的一个分支，旨在开发和构建能够模拟、仿真和执行人类智能任务的智能系统。人工智能的目标是使机器能够感知、理解、学习、推理、决策和交互，以解决复杂的问题，执行各种任务，并模仿人类的认知能力。人工智能的实现涉及机器学习、自然语言处理、计算机视觉和推理与决策等多个关键技术和方法。

机器学习是一种让机器通过数据和经验自动学习和改进的技术，能够不断自动改进算法在解决任务过程中的性能，是数据驱动的人工智能技术的核心研究方向。当前广泛应用的机器学习方法包括传统机器学习、深度学习、强化学习和迁移学习等。现阶段，数据驱动的人工智能技术已由传统的浅层机器学习发展至当下以深度学习为代表的新一代机器学习技术，极大地提升了地质灾害智能评估的准确性和高效性。

根据学习数据对应分类标签的有无，传统机器学习又可以细分为监督学习、无监督学习和半监督学习。监督学习(supervised learning)是常见的机器学习范式之一。在监督学习中，算法接收带有标签的训练数据作为输入，并学习从输入到输出的映射关系。训练数据由特征向量和相应的标签组成，目标是通过学习训练数据中的模式和规律，对新的、未标记的数据进行准确的预测。典型的监督学习任务包括分类(将输入分为不同的类别)和回归(预测连续值)等。无监督学习(unsupervised learning)是一种在没有标签的数据集中学习隐藏结构和模式的机器学习范式。在无监督学习中，算法的目标是发现数据中的内在结构、群组或模式，而不是预测特定的输出。常见的无监督学习任务包括聚类(将数据划分为不同的组)和降维(减少数据的维度)等。无监督学习可以帮助我们理解数据的分布和关系，为后续的分析和决策提供指导。半监督学习(semi-supervised learning)是介于监督学习和无监督学习之间的一种学习方式。在半监督学习中，算法使用同时包含标签和未标签数据的训练集进行学习。标签数据用于监督模型的训练；而未标签数据则用于辅助训练，提供额外的信息以改善模型性能。半监督学习通常在标记数据较少或难以获取的情况下使用，以利用未标记数据的潜在信息来提升学习效果。

近年来，集成学习被广泛应用于提高传统机器学习的泛化能力，应对单个学习模型估计、泛化能力差等缺陷。集成学习是一种通过将多个基学习器的预测结果进行组合来提高机器学习性能的方法。集成学习通过组合多个弱学习器(即准确率稍低于随机猜测的学习器)来构建一个强学习器(准确率高于单个学习器)。

典型的集成学习算法包括堆叠法(stacking)、自举汇聚法(bagging)和提升法(boosting)等。堆叠法通过训练多个不同类型的学习器，并使用一个元学习器来组合它们的预测结果。不同类型的学习器可能具有不同的特点和偏差，通过结合它们可以在更广泛的问题上取得良好的性能。自举汇聚法通过从原始训练集中有放回地随机采样生成多个子集，分别训练出多个同质学习器，然后通过投票或平均等方式进行集成。典型的算法是随机森林(random forest)。提升法通过迭代训练一系列同质学习器，每个学习器都在前一个学习器的错误上进行优化，最终通过加权投票或加权平均等方式进行集成。典型的算法有 AdaBoost、Gradient Boosting 和 XGBoost 等。

深度学习起源于人工神经网络的研究，是人工智能技术连接主义学派的代表，基于人工神经网络模型，通过多层次的神经网络结构进行特征提取和模式识别，逐步实现高级抽象和复杂推理。深度学习的主要特点是它的模型具有多个隐层（隐藏层），使其能够学习和表示更复杂的数据特征和关系。每个隐层由许多神经元（或称为节点）组成，每个神经元通过对输入进行加权和非线性变换来生成输出。深度学习模型通过反向传播算法（backpropagation）来训练，该算法通过计算损失函数的梯度并使用梯度下降来更新网络参数，以最小化预测误差。

强化学习又称再励学习或评价学习，是行为主义学派将控制论引入机器学习的代表。强化学习旨在让智能体（agent）通过与环境的交互来学习最优的行为策略，以最大化累积奖励或达到特定的目标。在强化学习中，智能体通过观察环境的状态，执行特定的动作，并接收来自环境的奖励或反馈。它不需要先验的标签或指导信号，而是通过尝试和错误的方式进行学习。智能体的目标是学习一个最优的策略，即一种从状态到动作的映射关系，以获得最大的累积奖励。典型的强化学习算法有：值函数方法（value-based methods），通过学习状态-动作值函数（Q 函数）来指导智能体的决策，典型算法包括 Q-learning 和 deep Q-network（DQN）；策略梯度方法（policy gradient methods），直接学习策略函数，通过梯度下降来更新参数，典型算法包括 reinforce 和 proximal policy optimization（PPO）；深度强化学习（deep reinforcement learning），将深度神经网络与强化学习相结合，例如使用深度神经网络来近似值函数或策略函数，典型算法包括 DQN 和 A3C（asynchronous advantage actor-critic）等。

迁移学习指的是将在一个任务（源任务）上学到的知识或模型迁移到另一个相关任务（目标任务）上，以提升目标任务的学习性能。迁移学习的基本思想是通过将源任务的知识、模型参数或表示迁移到目标任务中，来加速目标任务的学习过程或提高其性能。源任务和目标任务之间可以有一定的相似性或关联性，这样源任务的学习经验可以帮助目标任务更好地进行学习。迁移学习的主要方式包括特征迁移（feature transfer）、模型迁移（model transfer）和知识迁移（knowledge transfer）。特征迁移将源任务学习到的特征表示应用于目标任务，以加速目标任务的学习。模型迁移将源任务学习到的模型（如神经网络的参数）应用于目标任务。源任务中的模型可以作为目标任务的初始模型，然后在目标任务的数据上进行微调或继续训练。知识迁移是将源任务学习到的知识应用于目标任务，帮助目标任务更好地理解数据和对数据进行分类。典型的迁移学习算法包括 TrAdaBoost、CoCC 和自我学习等。

2.3　数据驱动的水库滑坡灾害智能评估基本流程

机器学习从大量数据中获取已知属性，解决分类、回归、聚类和降维等问题。数据驱动的水库滑坡灾害智能评估基本流程主要包括问题抽象、数据采集、数据预处理及特征降维、模型构建、模型验证和模型效果评估 6 个阶段。在整个应用流程中，各阶段相互关联。

2.3.1 问题抽象

问题抽象将地质灾害评估问题映射为机器学习中的回归、分类等。问题抽象和映射的准确性直接关系着机器学习技术的成效，是地质灾害智能评估的第一步。通常滑坡易发性预测、滑坡稳定性评价等问题可以抽象为分类问题，滑坡位移预测和滑动距离预测等问题可以抽象为回归问题。

2.3.2 数据采集

有效的数据集是开展机器学习的基础和前提。数据采集阶段主要利用各种监测和模拟手段收集滑坡灾变状态和外部诱发因素数据集。其中现场监测是最直接、最有效的获取灾变状态和外部诱发因素数据集的方法。通常在滑坡体内及地表布置相应的监测仪器，实时采集灾变状态和外部诱发因素，建立监测数据库，从而实现数据驱动的地质灾害智能评估。同时数值模拟也是数据采集的重要手段。

滑坡体监测和数据采集的基本原则是：多种手段，综合监测。监测网的布设要求能形成点、线、面、体的三维立体监测网，监测采集滑坡主要变形方位、变形量、变形速度、变形发展趋势，监测滑坡宏观变形迹象，监测滑坡变形破坏主要诱发因素，能及时提供预警预报的主要监测数据。根据滑坡发育特点、变形阶段以及变形破坏特征，诱发因素监测的主要内容包括降雨、库水位、地震以及人类工程活动等。滑坡的响应是指滑坡的位移、土压力等随外部扰动荷载的响应特征。监测点布设时在考虑地貌要素前提下，布设在滑坡体变形破坏重点位置，如后缘陷落带、横向滑坡梁、纵向滑坡梁、滑坡平台、滑坡隆起带、次一级滑坡等。对滑坡稳定性起控制作用的关键块体，应重点控制，适当增加监测点和监测手段。

变形观测周期设计，需要反映变形过程，不能遗漏突变时刻。以三峡库区水库滑坡为例，进入雨季，滑坡变形进入活跃期，需要适当增加监测次数。变形观测的首次测量应该适当增加观测次数，以提高初始值的可靠性。

2.3.3 数据预处理及特征降维

采集的原始数据集通常包含大量的缺失值和噪声，也可能由于人工录入失误而产生异常点，存在数据缺失、非平衡、格式不规范、异常点等问题，通常需要进行清洗和预处理。常用的数据预处理主要包括数据规范化、离散化以及非平衡性的处理等。

同时，原始数据集往往存在众多与给定任务无关或者微弱相关度的特征。特征降维旨在通过减少特征的数量或维度，从而简化数据表示、降低计算复杂性并提高算法性能。特征降维的主要目标是保留原始数据中的重要信息，同时减少冗余和噪声，并尽可能地减小特征的维度。通过降维，可以解决高维数据的问题，避免“维度灾难”，提高模型的泛化能力、训练效率和解释性。特征降维方法可以分为两类：特征选择和特征提取。

特征选择通过选择子集的方式来减少特征的数量，即从原始特征中选择一部分最相关或最有代表性的特征。常用的特征选择方法包括过滤式方法、包裹式方法和嵌入式方法。过滤式方法基于特征的统计指标或相关性来评估特征的重要性，如方差、相关系数等。包裹式方法使用具体的机器学习算法进行特征子集的评估和选择，如递归特征消除。嵌入式方法在模型训练过程中通过正则化或其他技术来选择特征，如L1正则化的逻辑回归。

特征提取通过将原始特征转换为一个新的低维表示来降低维度。这些新的特征是原始特征的组合或变换，尽量保留原始数据中的信息。常见的特征提取方法包括主成分分析(principal component analysis，PCA)、线性判别分析(linear discriminant analysis，LDA)和非负矩阵分解(non-negative matrix factorization，NMF)。主成分分析通过线性变换将原始特征投影到新的正交特征空间上，使得投影后的特征具有最大的方差。线性判别分析在保持类间距离最大和类内距离最小的前提下，将原始特征投影到一个新的低维空间中。非负矩阵分解将非负数据矩阵分解为两个非负矩阵的乘积，以得到低维表示。

2.3.4　模型构建

模型构建是地质灾害智能评估的中心环节，根据数据预处理及特征降维后的数据集及目标问题类型，选择合适的学习算法，构建机器学习模型。模型构建通常包含算法选择和参数调优。算法选择是从种类繁多的机器学习算法中选择恰当的算法，是地质灾害智能评估的关键。现阶段算法选择过程往往依据经验或者模型对比来实现。

将选定的算法用于模型训练时，同时会面临参数调优的巨大挑战。机器学习模型中存在两种类型的参数：一种可以通过数据学习过程进行初始化和更新，称为模型参数；而另一种名为超参数的参数由于定义了模型架构，无法直接从数据学习中估算出来，必须在训练机器学习模型之前设置。超参数是指在机器学习和深度学习模型中，不由算法自身学习得到的参数，而是在模型训练之前需要手动设置的参数。超参数的值直接影响模型的性能和行为。与模型内部的参数不同，超参数通常用于控制模型的复杂度、学习过程和训练规则等。以下是一些常见的超参数示例。

学习率用于控制模型在每一次迭代中更新参数的步长。过小的学习率可能导致收敛缓慢，而过大的学习率可能导致无法收敛。正则化参数用于控制模型的复杂度，避免过拟合。正则化参数可以是 L1 正则化和 L2 正则化的系数。隐藏层节点数则适用于神经网络模型，隐藏层节点数的选择可以影响模型的容量和表示能力。迭代次数用于控制模型的训练迭代次数，即在训练数据上重复更新模型参数的次数。批量大小用于指定在每次迭代中用于更新模型参数的样本数量，较小的批量可以提高模型的收敛速度，但也会增加计算开销。激活函数用于定义神经网络中每个神经元的输出，常见的激活函数包括 ReLU、Sigmoid 和 Tanh 等。

现阶段超参数优化算法包括人工搜索、网格搜索、随机搜索、贝叶斯优化以及元启发式算法等。人工搜索即依据个人经验通过试错来确定。网格搜索是一种最简单、最基本的超参数优化算法。通过指定的超参数搜索空间执行穷举式搜索，网格搜索对于有限的、离散的参数空间效果较好，同时需要人为指定超参数搜索空间，因此科研人员必须有一定的超参数取值经验。网格搜索受到计算资源和搜索空间的限制，并且参数越多，耗费时间越长。随机搜索是对网格搜索的改进，但网格搜索和随机搜索不需要人力，对于复杂搜索空间会耗费较长的时间，并不适用于复杂模型的超参数搜索。

贝叶斯优化通过利用贝叶斯推断的原理，在有限的迭代次数内高效地搜索超参数空间，找到最优的超参数组合。贝叶斯优化通常包含目标函数、先验模型、后验模型和选择策略等几个核心组件。目标函数是指需要在超参数空间中最小化或最大化的目标函数，可以是模型的损失函数或评估指标。先验模型用于描述超参数与目标函数之间的关系，通常使用高斯过程作为先验模型。高斯过程通过已知的超参数和目标函数值构建高斯分布的先验模型，并通过不断观测新的超参数组合和目标函数值来更新先验模型。后验模型是通过已观测到的超参数组合和目标函数值更新先验模型得到的模型。后验模型会结合先验信息和新的观测结果，生成对目标函数的预测，并给出下一个最有可能的超参数组合。选择策略用于选择下一个要评估的超参数组合的策略。常见的选择策略包括采用高斯过程的置信区间，选择具有最大不确定性或最大期望提升的超参数组合。通过不断地观测超参数组合和目标函数值，并更新先验模型和后验模型，贝叶斯优化可以在较少的迭代次数内寻找到较优的超参数组合。相比传统的网格搜索和随机搜索方法，贝叶斯优化能够更加高效地探索超参数空间，减少不必要的计算开销。

元启发式算法是一种高级的启发式算法，用于解决复杂的优化问题。该算法是一种通用的、自适应的优化方法，能够在没有问题特定信息的情况下，通过对解空间的全局搜索找到近似最优解。元启发式算法通常不依赖问题的具体特性，而基于一些通用的启发性原则和搜索策略。它们通过在解空间中进行迭代搜索和解的改进，逐步逼近最优解。遗传算法(genetic algorithm，GA)、粒子群优化(particle swarm optimization，PSO)算法、蚁群优化(ant colony optimization，ACO)算法、灰狼优化(grey wolf optimization，GWO)算法和人工蜂群(artificial bee colony，ABC)算法是常见的元启发式算法。这些元启发式算法具有一定的随机性和自适应性，能够在解空间中进行全局搜索，并具有一定的并行性。

2.3.5 模型验证

模型验证是机器学习的一个重要步骤，主要用于评估训练模型的有效性。通过模型验证，我们可以对模型的预测能力进行客观的评估，并判断模型是否适用于实际问题。留出法、交叉验证、自助法、留一法和适应保持法是一些常用的模型验证方法。

留出法将数据集划分为训练集和测试集两部分，训练模型时使用训练集，评估模型性能时使用测试集。通常将数据集划分为70%～80%的训练集和20%～30%的测试集。交叉验证将数据集划分为 k 个子集，其中 $k-1$ 个子集用于训练模型，剩下的1个子集用于测试模型，重复 k 次，每次选取不同的子集作为测试集。最常用的是 k 折交叉验证，其中 k 一般取值为5或10。自助法从原始数据集中有放回地随机抽取样本，构建多个训练集和测试集的组合。每个训练集包含约63%的原始样本，而剩余的样本被用于测试集。通过多次重复这个过程，可以得到多个模型的性能评估结果。留一法将每个样本单独作为测试集，其他样本作为训练集，重复这个过程直到所有样本都作为测试集。留一法适用于样本数量较少的情况，但计算开销较大。适应保持法根据模型的性能动态调整训练集和测试集的比例。当模型表现较差时，增加训练集的规模以提高模型的泛化能力；当模型表现较好时，减少训练集的规模以验证模型的性能。

在进行模型验证时，需要注意以下两点：① 要保证训练集和测试集的样本分布一致，避免因数据分布不均导致的模型评估偏差；② 选择适合问题的评估指标，如准确率、精确率、召回率、F1 值等，以全面评估模型的性能。

2.3.6 模型效果评估

机器学习的模型评估通过测试集评价模型的学习效果以及泛化能力。分类和回归问题有不同的评估指标。回归问题常用的评估指标包括相对误差(relative error,RE)、平均绝对误差(mean absolute error,MAE)、平均绝对百分比误差(mean absolute percentage error,MAPE)、均方根误差(root mean square error,RMSE)、归一化均方根误差(normalized root mean square error,NRMSE)、相关系数(correlation coefficient,R)和Kling-Gupta 效率系数(Kling-Gupta efficiency,KGE)等。常见的分类评估指标详见表 2-1。

表 2-1　回归问题常见分类评估指标

评估指标	表达式	是否包含绝对值	是否包含方差和标准差	特征
相对误差	$\mathrm{RE}=100\%\times\frac{y_{\mathrm{pre},t}-y_{\mathrm{obs},t}}{y_{\mathrm{obs},t}}$			越小越好
平均绝对误差	$\mathrm{MAE}=\frac{\sum_{t=1}^{N}\lvert y_{\mathrm{pre},t}-y_{\mathrm{obs},t}\rvert}{N}$	√		越小越好
平均绝对百分比误差	$\mathrm{MAPE}=\frac{1}{N}\sum_{t=1}^{N}\left\lvert\frac{y_{\mathrm{pre},t}-y_{\mathrm{obs},t}}{y_{\mathrm{obs},t}}\right\rvert$	√		越小越好
均方根误差	$\mathrm{RMSE}=\sqrt{\frac{\sum_{t=1}^{N}(y_{\mathrm{pre},t}-y_{\mathrm{obs},t})^2}{N}}$		√	越小越好
归一化均方根误差	$\mathrm{NRMSE}=\frac{1}{\mu_{\mathrm{obs}}}\sqrt{\frac{\sum_{t=1}^{N}(y_{\mathrm{pre},t}-y_{\mathrm{obs},t})^2}{N}}$		√	越小越好
相关系数	$R=\frac{\sum_{t=1}^{N}(y_{\mathrm{obs},t}-\mu_{\mathrm{obs}})(y_{\mathrm{pre},t}-\mu_{\mathrm{pre}})}{\sigma_{\mathrm{obs}}\sigma_{\mathrm{pre}}}$		√	越大越好,最大值为 1
Kling-Gupta 效率系数	$\mathrm{KGE}=1-\sqrt{(R-1)^2+(\alpha-1)^2+(\beta-1)^2}$		√	越大越好,最大值为 1

注:$y_{\mathrm{obs},t}$ 和 $y_{\mathrm{pre},t}$ 分别为测量和预测的滑坡位移;N 为滑坡位移数据点的数量;$\alpha=\sigma_{\mathrm{pre}}/\sigma_{\mathrm{obs}}$,为预测值和观测值之间的相对变异性;$\beta=\mu_{\mathrm{pre}}/\mu_{\mathrm{obs}}$,为平均预测值和平均观测值之间的偏差。

MAE 用于衡量预测值与真实值之间的平均绝对差异程度,主要优点是简单直观,易于解释。然而,MAE 忽略了预测误差的具体方向,因此可能无法捕捉到预测值偏离真实值的模式。与 MAE 相比,RMSE 对预测误差的大值更敏感,因为它对大误差的惩罚更重。RMSE 的主要优点是能够捕捉到预测值与真实值之间的平均误差大小,RMSE 在回归模型的训练过程中常被用作损失函数,以最小化预测误差。然而,与 MAE 一样,RMSE 也忽略了预测误差的具体方向,可能无法捕捉到预测值偏离真实值的模式。MAPE 的优点是能够直观地衡量预测值与真实值的相对误差,并且对预测值和真实值的绝对量级不敏感。然而,MAPE 也有一些限制,例如当真实值为 0 或接近 0 时,计算结果可能不稳定。此外,

MAPE 对于较大的预测误差给予较大的权重，可能对异常值敏感。KGE 的优点是综合考虑了模拟结果的相关性、均值比例和方差比例，能够提供对模型性能的综合评估。

常用的分类评估指标有准确率（accuracy）和精确率（precision）等。准确率是正确分类数与分类总数的比值，用于衡量分类模型对测试集的总体准确性；精确率是正确分类的正类样本数与所有预测为正类的样本数的比值。各分类评估指标定义详见表 2-2。

表 2-2　分类问题评估指标

<table>
<tr><td rowspan="2">真实值</td><td colspan="3">预测值</td></tr>
<tr><td>正类（positive）</td><td>负类（negative）</td><td></td></tr>
<tr><td>正类（positive）</td><td>真正例（TP）</td><td>假负例（FN）</td><td>$召回率=\frac{TP}{TP+FN}$</td></tr>
<tr><td>负类（negative）</td><td>假正例（FP）</td><td>真负例（TN）</td><td></td></tr>
<tr><td></td><td>$精确率=\frac{TP}{TP+FP}$</td><td></td><td>$准确率=\frac{TP+TN}{TP+FN+FP+TN}$
（理想值为 1，最差值为 0）
$F1=\frac{2\times 精确率\times 召回率}{精确率+召回率}$
马修斯相关系数
$MCC=\frac{TP\cdot TN-FP\cdot FN}{\sqrt{(TP+FP)(TP+FN)(TN+FP)(TN+FN)}}$
（理想值为 1）</td></tr>
</table>

准确率的取值范围为 0～1，准确率越高，表示模型在预测中的准确性越高，即模型预测的结果与真实标签的一致性越高。准确率是一个简单直观的评估指标，易于解释和理解。需要指出的是，当数据集中存在类别不平衡问题时，准确率可能会受到影响。在类别不平衡的情况下，模型可能倾向于预测多数类别，从而导致准确率偏高。精确率的取值范围为 0～1，精确率越高，表示模型在将样本预测为正类别时的准确性越高。精确率的优点是能够直观地衡量模型预测正类别的准确性，尤其适用于需要关注正类别预测结果的应用场景。然而，精确率并不能提供关于模型的全面性能评估，特别是在数据集存在类别不平衡或误分类代价不均衡的情况下。F1 值是一种综合考虑精确率（precision）和召回率（recall）的分类模型评估指标，用于衡量模型在正类别的预测中的综合准确性。F1 值的取值范围为 0～1，也可以表示为百分比。F1 值越高，表示模型在正类别的预测中的准确性和完整性越好。它对于处理类别不平衡的数据集和处理误分类代价不均衡的问题具有较好的性能。需要注意的是，F1 值仅关注正类别的预测表现，并且假设精确率和召回率的权重相等。马修斯相关系数（Matthews correlation coefficient，MCC）取值范围为 −1～1，MCC 的值越接近 1，分类器的性能越好。MCC 对于不平衡数据集具有较好的鲁棒性。它能够同时考虑真正例、真负例、假正例和假负例的数量，有效地评估分类器的整体预测能力。特别是在处理样本类别不平衡或者存在较多误报和漏报的情况下，MCC 通常比准确率更可靠。

第 3 章　基于文献计量的地质灾害智能评估知识图谱

3.1　概述

根据全球紧急灾难数据库的统计，1990 年 1 月 1 日至 2022 年 7 月 7 日期间，全球发生了 1 877 起大规模地质灾害，导致 243 万人死亡、2 574 万人无家可归。亚洲和美洲是受地质灾害影响最严重的地区，地质灾害数量分别占全球总数的 55.5％和 22.9％(图 3-1)。

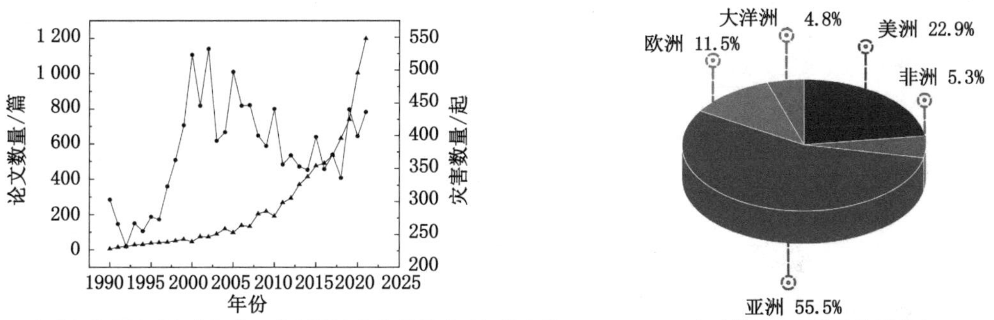

(a) 地质灾害和地质灾害智能评估领域论文的数量随时间的变化　　(b) 全球地质灾害数量区域分布

图 3-1　全球地质灾害分布与地质灾害智能评估领域发文趋势

目前，地质灾害防治工作已经取得了重要的进展(Shi et al.，2021；Miao et al.，2022a；Zhang et al.，2022)。然而，由于地质灾害的复杂性和不确定性(Guo et al.，2019；Miao et al.，2022b)，研究人员和从业人员仍然面临许多挑战(Wang et al.，2021)。例如，受多种诱发因素的影响，地质灾害监测数据呈现复杂的非线性特征。以三峡库区为例，受季节性降雨和库区周期性波动的影响，滑坡运动呈现台阶状的变形特征(Miao et al.，2018；Wu et al.，2021)。

人工智能技术的快速发展为地质灾害防治提供了全新的技术途径和解决方案，已经被广泛应用于滑坡、泥石流、地面沉降、崩塌等地质灾害防控的研究中(图 3-2)，推动了地质灾害防治工作的迅猛发展(Pradhan et al.，2009；Ma et al.，2022b)。常用的技术手段包括单一机器学习方法(如人工神经网络、支持向量机等)、集成方法(如 Bagging、Boosting 等)和深度学习方法(如卷积神经网络、循环神经网络等)。

人工智能在地质灾害防治领域的迅猛发展导致相关论文数量快速增加。一些研究人员对地质灾害智能评估领域进行了总结和回顾。例如，Dikshit 等(2021)对人工智能在地质

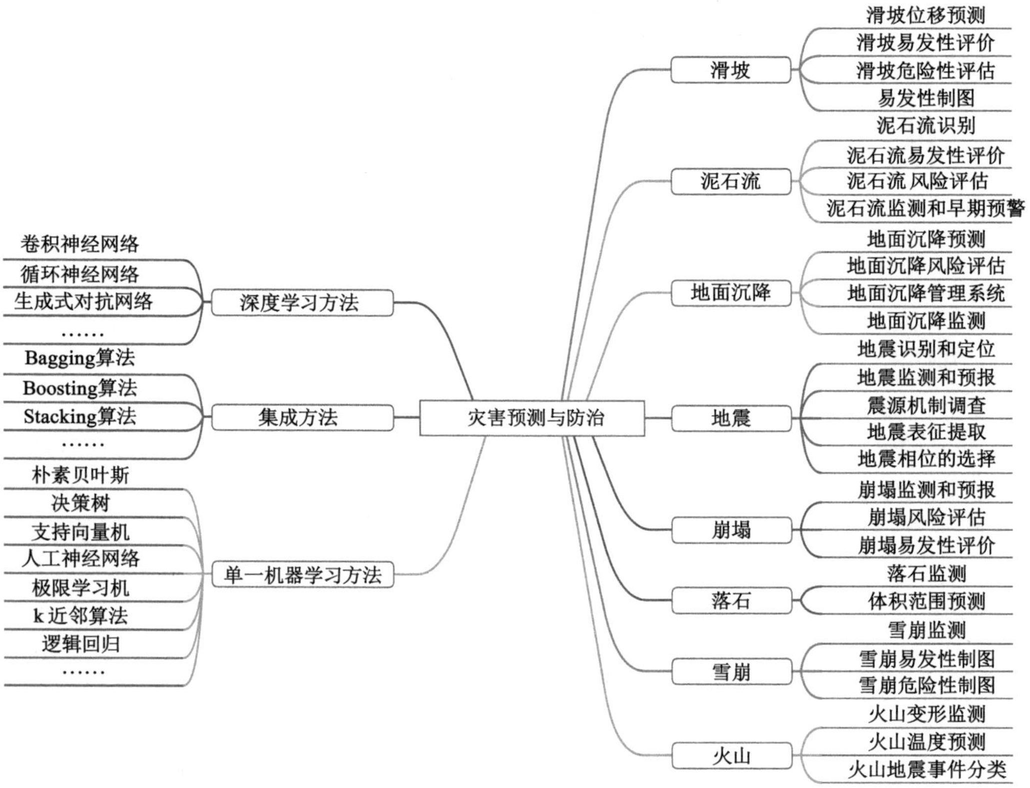

图 3-2 主要人工智能算法及其在地质灾害智能评估中的应用

灾害中的应用进行了定性分析，并指出了该领域的未来发展趋势。Huang 等(2018)、Merghadi 等(2020)分析了深度学习在滑坡敏感性评价领域的应用。Xie 等(2020)综述了机器学习在地震研究中的应用和发展前景。然而，上述综述研究仍然存在一定的局限性。首先，大多数综述研究是定性的，限于特定的人工智能算法在某一特定地质灾害类型中的应用。目前地质灾害智能评估领域的研究缺乏定量和全面的综述研究。此外，目前该领域的综述研究没有对现有论文的出版特征、主要作者、机构和国家进行分析，也没有分析该领域的研究热点，因此无法全面客观地描述人工智能在地质灾害领域的研究现状。

基于文献计量的知识图谱是一种定量研究科学和科学传播的方法(Yalcinkaya et al.，2015)，它可以分析大量文献并建立可视化的研究网络，包括关键学者、机构、主要论文和突出主题。这种方法有望解决上述综述研究的局限性。基于文献计量的知识图谱已经在各个研究领域得到应用(Olawumi et al.，2018；Martinez et al.，2019；Chatterjee et al.，2021；Li et al.，2021)。然而，目前尚未见到地质灾害智能评估领域的科学计量分析研究报道。

为了填补地质灾害智能评估研究中科学计量分析的空白，本书采用科学计量定量分析方法，对 1990 年 1 月 1 日至 2022 年 1 月 1 日地质灾害智能评估研究的发展进行了科学计量分析。通过将学术文献的引用关系和文本内容转化为可视化图谱，揭示了学术领域的研究热点、知识演化和学术合作关系等重要信息。

3.2 地质灾害智能评估的知识图谱构建

3.2.1 科学知识图谱构建

科学计量分析是一种科学分析方法，它通过映射、挖掘、排序和分析来揭示文献之间的逻辑和联系(Borner et al.,2003)。信息可视化技术，即从大量的看似杂乱的信息中挖掘出有价值的信息，并直观地显现出来。从研究角度划分，可视化技术在文献计量学领域主要应用于科学前沿、科学史、科学合作关系、科学评价的展示等。可视化方法包括引文分析、共被引分析、因子分析、多维尺度分析、词频分析及信息可视化技术。而知识图谱以科学计量学理论为依据，以可视化技术为手段，通过数据挖掘、科学计量分析等一系列技术来可视化某个知识领域的发展轨迹，动态、形象、全面地展示知识领域的总体结构，揭示知识单元之间的本质关系，并预测学科发展趋势。

2006 年以来，陈超美教授将基于科学计量学理论研发的可视化文献分析软件 CiteSpace 及图谱绘制方法引入国内，基于文献计量的知识图谱研究快速发展，被广泛应用于：① 绘制从事科学技术活动的学术共同体和作为其知识载体的网络；② 揭示某一学科主要研究领域之间的内部联系，各研究领域之间的知识输入与知识输出；③ 研究主题的衍生、渗透与扩散趋势，学科领域内显性或编码化的知识，作者、机构、专利、期刊和其他出版物等之间的关系；④ 研究科学社会网络和科学合作网络等；⑤ 科学研究领域的动态化如增长速度多样化等。

文献计量知识图谱中节点代表发文国家/地区和关键词等出现的频次，节点越大出现频次越高；而节点间的连线则表示节点间的关系(合作或共现等)，连线越粗则关系越强；此外，对节点进行聚类分析时，同一类别的节点处于同一个实线框范围内，且同一节点可能同时属于不同聚类。

本书采用 CiteSpace 软件来进行地质灾害智能评估领域的科学计量分析和知识图谱构建，主要包括数据收集、数据筛选与精炼、数据分析与可视化三个步骤(图 3-3)。

(1) 数据收集

Web of Science 是一个基于高质量的引文数据、出版标准、专家判断并且具有高质量引文分析的综合性数据库(Bar-Ilan et al.,2007)。该数据库比 Scopus 和 Google Scholar 等其他数据库包含更多的专业数据，可以支持更长时间的引文分析，具有更高的数据质量(Falagas et al.,2008)。因此，本书采用 Web of Science 使用以下检索式进行数据收集：

“TS =((fuzzy sets or naive Bayes or linear regression or random forests or gradient boosting or reinforcement learning or meta heuristics or artificial intelligence or optimization algorithm or machine learning or deep learning or computational intelligence or decision tree or prediction model) AND(geohazard or landslide or slope or rockfall or collapse or earthquake or debris flow or hazard or tsunami))”。

在文献检索的基础上，限定语言为英语，出版年份为 1990 年 1 月 1 日至 2022 年 1 月 1 日，学科类别细化为地球科学多学科和工程地质，共检索出 9 226 篇文献用于科学计量分析和知识图谱构建。

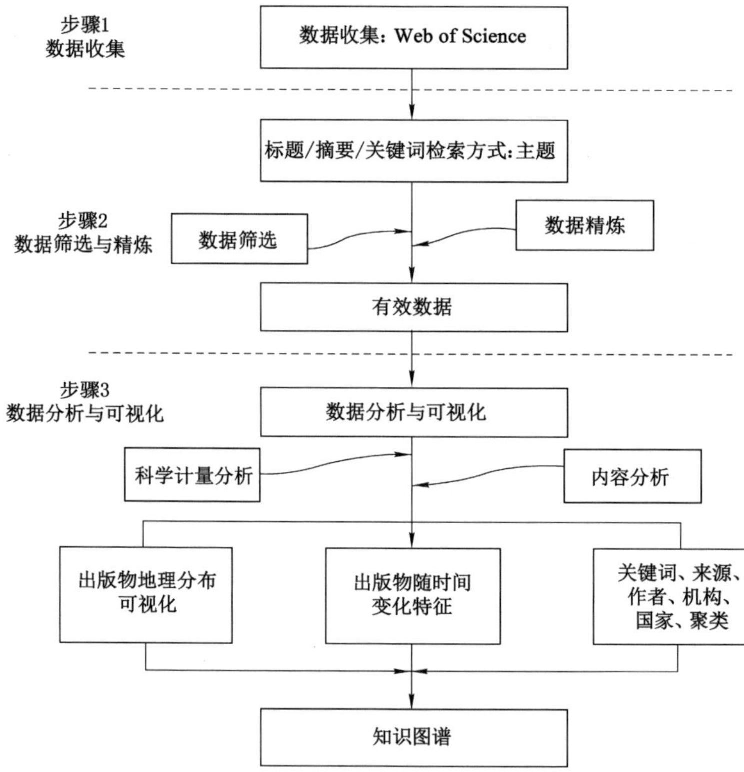

图 3-3　地质灾害智能评估知识图谱构建流程

(2) 数据筛选与精炼

在 Web of Science 数据库中进行主题检索（“title，abstract，author keywords，and Key Words Plus”），并使用布尔运算符（OR/AND）扩展搜索排除不相关的论文。在筛选和精炼检索结果并确定时间范围之后，下载检索结果并为下一步的分析做好准备。

(3) 数据分析与可视化

对论文进行筛选和精炼后，使用可视化工具 CiteSpace 对数据进行聚类分析和可视化。CiteSpace 聚类分析生成的可视化图像使用不同颜色的节点和连线表示这些节点的共被引和共现关系。每个由不同颜色的“树轮”组成的代表性节点表示不同的特定项目（例如，国家、机构、关键字、作者、引用文献或引用期刊）。颜色的光谱表示时间顺序：最古老的是蓝色，最新的是橙色。圆环的大小代表了某一年相应的文献出现的频率。在某一年出现的红圈表示该年出现或引用的数量激增。

3.2.2　文献特征知识图谱可视化分析

(1) 文献分布特征

地质灾害智能评估研究中论文数量随时间变化的特征如图 3-4 所示。自 1990 年以来，该领域每年发表的论文数量持续增加。进入 21 世纪后，随着人工智能技术的快速发展，人工智能技术在地质灾害防治领域迅猛发展。2000 年以后每年地质灾害数量总体呈减少趋势，这从侧面反映了人工智能在地质灾害防治方面的作用。中国和美国是该领域发表论文总数量最多的两个国家，分别发表 2 349 篇论文和 1 993 篇论文。此外，国家的论文总数与该国的地质灾害损失正相关，即地质灾害造成损失越大的国家其论文数量越多。

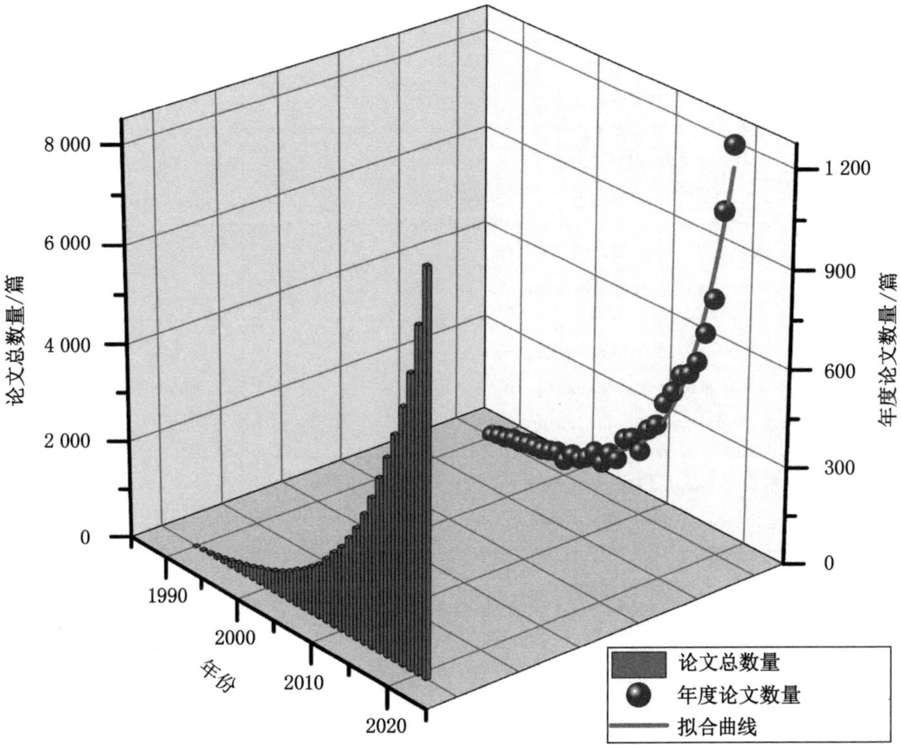

图 3-4　地质灾害智能评估研究中的论文数量随时间变化特征图

（2）文献来源特征

为了给研究人员提供权威文献来源的参考，并方便查阅相关的前沿论文，表 3-1 列出了地质灾害智能评估研究中发文数量排名前 15 的文献来源。这些排名前 15 的文献来源均为期刊，没有包括会议论文。这些数据表明，研究人员更偏向选择在期刊上发表论文，而不是在学术会议上发表。此外，这前 15 个来源的论文数量占论文总数量的 48.46%。其中，期刊 *Natural Hazards* 和 *Remote Sensing* 上发表的相关论文分别占论文总数量的 5.96% 和 4.58%，是该领域发表论文数量排名前两位的期刊。在这前 15 个期刊中，*Geomorphology*（17 656 次）、*Journal of Hydrology*（13 417 次）和 *Catena*（12 810 次）的总被引用量居前三位。这些结果与 Wu 等（2015）在人工智能领域的文献计量学综述结果相一致。在这前 15 个来源期刊中，*Geomorphology*（61.52 次/篇）、*Earthquake Spectra*（50.59 次/篇）和 *Catena*（47.62 次/篇）的平均被引用量排名前三。*Geomorphology* 和 *Catena* 不仅总被引用量较高，而且平均被引用量也较高。因此，它们被认为是该领域活跃的期刊。

表 3-1　地质灾害智能评估研究中发文数量前 15 的来源期刊

编号	来源期刊	总发文量/篇	总被引用量/次	平均被引用量/(次/篇)	发文量占比
1	*Natural Hazards* (https://www.springer.com/journal/11069)	550	12 286	22.34	5.96%
2	*Remote Sensing* (https://www.mdpi.com/journal/remotesensing)	423	6 376	15.07	4.58%
3	*Journal of Hydrology* (https://journals.elsevier.com/journal-of-hydrology)	314	13 417	42.73	3.40%
4	*Bulletin of Earthquake Engineering* (https://www.springer.com/journal/10518/)	306	6 068	19.83	3.32%
5	*Soil Dynamics and Earthquake Engineering* (https://www.sciencedirect.com/journal/soil-dynamics-and-earthquake-engineering)	306	4 060	13.27	3.32%
6	*Environmental Earth Sciences* (https://www.springer.com/journal/12665)	298	7 798	26.17	3.23%
7	*Engineering Geology* (https://www.sciencedirect.com/journal/engineering-geology)	290	11 417	39.37	3.14%
8	*Geomorphology* (www.elsevier.com/journal/geomorphology)	287	17 656	61.52	3.11%
9	*Catena* (www.elsevier.com/locate/catena)	269	12 810	47.62	2.92%
10	*Natural Hazards and Earth System Sciences* (https://www.natural-hazards-and-earth-system-sciences.net/)	264	6 611	25.04	2.86%
11	*Landslides* (https://www.springer.com/journal/10346)	262	8 970	34.24	2.84%
12	*Arabian Journal of Geosciences* (https://www.springer.com/journal/12517)	243	3 298	13.57	2.63%
13	*Earthquake Engineering & Structural Dynamics* (https://onlinelibrary.wiley.com/journal/10969845)	233	7 756	33.29	2.53%
14	*Earthquake Spectra* (https://journals.sagepub.com/home/eqs)	213	10 776	50.59	2.31%
15	*Geophysical Research Letters* (https://agupubs.onlinelibrary.wiley.com/journal/19448007)	213	5 269	24.74	2.31%

(3) 文献关键词特征

图 3-5 展示了地质灾害智能评估研究中引文爆发最强的 10 个关键词,这些关键词代表了该领域研究人员的主要兴趣。从图中可以看出,自 2012 年模糊逻辑(fuzzy logic)成为该领域的热点研究问题以来,研究人员对人工智能在地质灾害中的相关研究产生了浓厚的兴趣。随后,新的研究热点问题逐渐出现:2016 年,层次分析法(analytical hierarchy process)逐渐成为热门;2017 年,支持向量机(support vector machine)成为被引次数排名第三的关键词。之后,逻辑回归(logistic regression)、深度学习(deep learning)等机器学习算法开始在地质灾害研究中得到广泛应用,成为该领域的热点问题。此外,图中圆圈的大小表示关键词出现频率的高低,圆圈越大,表示该关键词出现的频率越高。如图所示,逻辑回归是该领域最受欢迎的关键词,总共出现了 671 次。另外,越来越多的人工智能算法被研究人员应用到地质灾害领域。

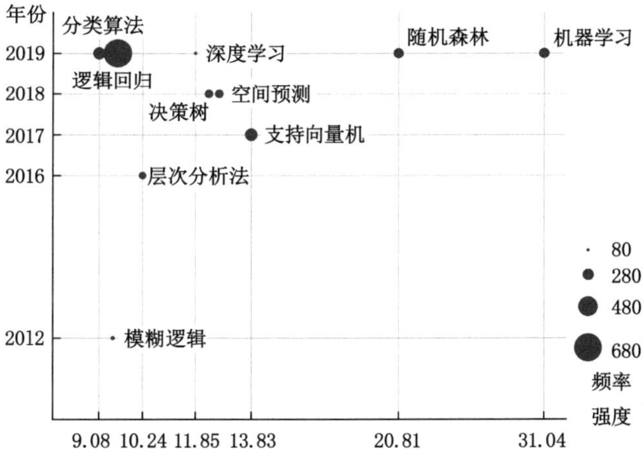

图 3-5　地质灾害智能评估研究中引文爆发最强的关键词(对数尺度)

3.2.3　作者、机构和国家知识图谱可视化分析

(1) 地质灾害智能评估领域研究中最具成效的作者

地质灾害智能评估领域最具成效的 15 位作者,以及他们所属的单位、H 指数、论文总数和被引总数详见表 3-2。由表 3-2 可知,这 15 位作者累计发表了 732 篇论文,占全球研究人员发表论文总量的 7.93%。其中,6 位研究人员隶属亚洲机构,其中 3 位来自中国,3 位来自伊朗。由此可以看出,地质灾害智能评估研究在亚洲地区,尤其是中国和伊朗,具有较高的热度。

表 3-2　地质灾害智能评估领域研究中的前 15 位作者

编号	作者	机构	总发文量/篇	总被引用量/次	平均被引用量/(次/篇)	H 指数	相对引文影响
1	B. Pradhan	悉尼科技大学 University of Technology Sydney, Australia	136	13 146	96.66	94	1.39

表 3-2(续)

编号	作者	机构	总发文量/篇	总被引用量/次	平均被引用量/(次/篇)	H指数	相对引文影响
2	D. T. Bui	挪威东南大学 University of South-Eastern Norway, Norway	70	5 604	80.06	68	1.16
3	H. R. Pourghasemi	设拉子大学 Shiraz University, Iran	65	6 332	97.42	66	1.41
4	陈伟	西安科技大学	63	4 104	65.14	53	0.94
5	S. Lee	韩国地质资源研究院 Korea Institute of Geoscience and Mineral Resources, KIGAM, Korea	63	3 880	61.59	64	0.89
6	H. Y. Hong	维也纳大学 University Vienna, Austria	52	3 637	69.94	45	1.01
7	B. T. Pham	越南交通科技大学 University of Transport Technology, Vietnam	45	2 851	63.36	26	0.91
8	A. Alireza	塔比阿特莫达勒斯大学 Tarbiat Modares University, Iran	32	684	21.38	29	0.31
9	B. A. Bradley	坎特伯雷大学 University of Canterbury, New Zealand	32	583	18.22	36	0.26
10	许冲	中国地震局地质研究所	31	1 693	54.61	29	0.79
11	H. Shahabi	库尔德斯坦大学 University of Kurdistan, Iran	30	2 538	84.60	52	1.22
12	许强	成都理工大学	30	659	21.97	43	0.32
13	O. Rahmati	Agricultural Research, Education and Extension Organization(AREEO), Vietnam	29	2 231	76.93	36	1.11
14	I. Prakash	Bhaskaracharya Institute for Space Applications and Geoinformatics, India	28	1 551	55.39	37	0.80
15	T. Blaschke	萨尔茨堡大学 University Salzburg, Austria	26	1 235	47.50	50	0.69

注：表头中的 H 指数表示作者发表的论文中有 H 篇每篇至少被引用 H 次。

地质灾害智能评估领域极具成效的作者有 B. Pradhan(发文 136 篇)、D. T. Bui(发文 70 篇)和 H. R. Pourghasemi(发文 65 篇)。同时，他们也是被引次数较多的学者。在排名前 15 的作者中，有 6 位作者的平均被引次数高于平均值(即高于 69.30 次)，他们分别是 H. R. Pourghasemi(平均被引 97.42 次/篇)、B. Pradhan(平均被引 96.66 次/篇)、H. Shahabi(平均被引 84.60 次/篇)、D. T. Bui(平均被引 80.06 次/篇)、O. Rahmati(平均被引 76.93 次/篇)和 H. Y. Hong(平均被引 69.94 次/篇)。此外，4 位作者的 H 指数超过 60：B. Pradhan(H 指数 94)、D. T. Bui(H 指数 68)、H. R. Pourghasemi(H 指数 66)和 S. Lee(H 指数 64)。另外，6 位作者的相对引文影响力大于 1，相对其他排名前 15 的作者，他们的影响力更突出。他们分别是 H. R. Pourghasemi(1.41)、B. Pradhan(1.39)、H. Shahabi(1.22)、D. T. Bui(1.16)、O. Rahmati(1.11)和 H. Y. Hong(1.01)。在所有指标中,B. Pradhan、D. T. Bui 和 H. R. Pourghasemi 表现出色。因此,他们被认为在地质灾害智能评估领域具有较强的影响力。

(2) 地质灾害智能评估研究中最具成效的研究机构

地质灾害智能评估研究中的 9 226 条科学引文记录共来自 841 所研究机构。表 3-3 列出了 15 所最具成效的研究机构。这些研究机构共发表 1 806 篇论文,占该领域累计论文数的 19.58%。发表论文最多的研究机构是中国科学院(384 篇)、中国地质大学(158 篇)和美国地质勘探局(156 篇)。中国科学院不仅发表论文最多,而且拥有最高的总被引次数,是该领域较活跃的研究机构之一。这些结果与 Ho 和 Wang(2020)在人工智能领域的文献计量学统计结果一致。

表 3-3　地质灾害智能评估研究中最具成效的前 15 所机构

编号	机构	总发文量/篇	总被引用量/次	平均被引用量/(次/篇)	相对引文影响
1	中国科学院	384	9 088	23.67	0.83
2	中国地质大学	158	3 303	20.91	0.73
3	美国地质勘探局	156	8 928	57.23	2.00
4	中国科学院大学	115	1 264	10.99	0.38
5	成都理工大学	101	1 549	15.34	0.54
6	同济大学	100	1 749	17.49	0.61
7	加利福尼亚大学伯克利分校	97	4 938	50.91	1.78
8	悉尼科技大学	93	2 583	27.77	0.97
9	维新大学	91	3 278	36.02	1.26
10	德黑兰大学	88	2 027	23.03	0.81
11	伊斯兰阿扎德大学	86	3 074	35.74	1.25
12	中国地震局	85	2 431	28.60	1.00
13	世宗大学	85	3 640	42.82	1.50
14	塔比阿特莫达勒斯大学	84	2 309	27.49	0.96
15	京都大学	83	1 238	14.92	0.52

该领域排名前 15 的研究机构论文的平均被引次数为 28.46。其中有 6 所机构的论文平均被引用次数高于平均被引量,它们分别是美国地质勘探局(57.23 次/篇)、加利福尼亚大学伯克利分校(50.91 次/篇)、世宗大学(42.82 次/篇)、维新大学(36.02 次/篇)、伊斯兰阿扎德大学(35.74 次/篇)和中国地震局(28.60 次/篇)。从 1900 年 1 月 1 日到 2022 年 1 月 1 日,最具成效的 15 所机构相对该领域全球总论文的相对引用影响力为 1,前 15 所机构中有 5 所超过了这一数值,它们分别是美国地质勘探局(2.00)、加利福尼亚大学伯克利分校

(1.78)、世宗大学(1.5)、维新大学(1.26)和伊斯兰阿扎德大学(1.25)。

根据论文的平均被引次数和相对引文影响力，可以得出美国地质勘探局、加利福尼亚大学伯克利分校和世宗大学是该领域最活跃的机构。

(3) 地质灾害智能评估研究中的主要国家

表 3-4 列出了地质灾害智能评估领域发表论文最多的 20 个国家。由表 3-4 可以看出，在 1990 年 1 月 1 日至 2022 年 1 月 1 日期间，中国是地质灾害智能评估领域发表论文最多的国家，共发表了2 349 篇论文。美国和意大利分别发表了 1 993 篇和 894 篇论文，位列第二和第三。此外，美国是被引次数最多的国家，其论文共被引用 61 656 次，其次是中国(41 179 次)和意大利(27 388 次)。马来西亚每篇论文平均被引用次数最高，为 75.71 次，其次是挪威和越南，每篇论文平均被引用次数分别为 56.19 次和 41.37 次。

表 3-4　地质灾害智能评估领域发表论文最多的 20 个国家

国家	总发文量/篇	总被引用量/次	平均被引用量/(次/篇)	最密切合作国家	总合作项目/项
中国	2 349	41 179	17.53	美国	279
美国	1 993	61 656	30.94	中国	279
意大利	894	27 388	30.64	美国	72
伊朗	629	19 302	30.69	越南	85
英国	572	18 371	32.12	美国	111
日本	505	11 036	21.85	中国	83
印度	504	9 430	18.71	越南	63
澳大利亚	443	11 376	25.68	中国	100
德国	410	11 086	27.04	美国	51
加拿大	409	14 586	35.66	美国	78
法国	386	10 326	26.75	美国	51
韩国	323	10 793	33.41	澳大利亚	65
土耳其	289	9 311	32.22	美国	34
西班牙	277	7 582	27.37	意大利	47
瑞士	240	7 625	31.77	美国	42
荷兰	239	9 496	39.73	美国	35
越南	182	7 529	41.37	伊朗	85
希腊	174	4 913	28.24	意大利	26
马来西亚	171	12 946	75.71	伊朗	52
挪威	162	9 103	56.19	越南	45

在国家地区合作方面，美国是地质灾害智能评估领域最具影响力的国家，与中国、意大利和英国等 9 个国家有着密切合作。美国和中国是最紧密的合作伙伴，共有 279 项合作项目。图 3-6 展示了主要国家和地区在地质灾害智能评估领域的合作情况。从图 3-6 中可以看出，中国、美国、意大利和伊朗是该领域最主要的国家，也是发表论文数量较多的国家。其中，中国的论文数量最多，与其他国家的合作次于美国，位居第二。美国是发表论文数量第二多的国家，与其他国家的合作最为广泛。意大利发表的论文数量多于伊朗，但与其他国家的合作较少。这些结果表明，中国和美国是地质灾害领域人工智能研究最具代表性的两个国家。这些结果与 Wu 等(2015)、Ho 等(2020)的文献计量学综述一致。此外，意大利和伊朗对该领域的发展也发挥了积极的作用。

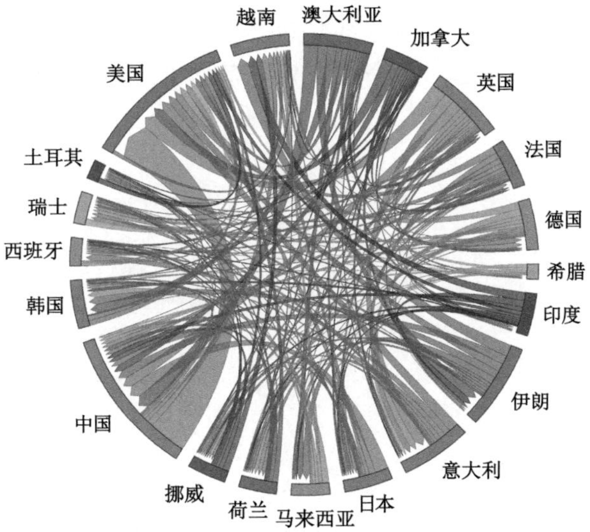

图 3-6　地质灾害智能评估领域国家和地区合作图

3.2.4　聚类识别可视化分析

聚类分析是一种定性与定量相结合的分析方法，用于识别突出的术语和背景、研究趋势和相互联系。聚类分析包括一系列的不同算法，目的是将海量的信息变成易于处理的、有意义的类，用合适的算法将学科结构、研究前沿和发展演化趋势用可视化手段直观地展现出来。聚类集群的重叠表示这些集群间存在联系。

在 CiteSpace 软件中，聚类后的编号显示为 Cluster ID，聚类规模与编号数值成反比；聚类成员的同质性指标以轮廓值(Silhouette)呈现，个体 i 的轮廓值 $S(i)$ 的范围为$[-1,1]$，表示该个体与其聚类内部各个体之间相似度和该个体与其他聚类中的个体之间相似度的比值。$S(i)$ 的定义如下：

$$S(i)=\frac{\min[B(i,C_j)]-W(i)}{\max\{\min[B(i,C_j)],W(i)\}} \tag{3-1}$$

式中，$W(i)$ 是个体 i 与其所在聚类内部其他个体之间的平均距离；$B(i,C_j)$ 为个体 i 与另一聚类 C_j 内部所有个体之间的平均距离。

Silhouette 数值越大，聚类成员的相似度越高。Mean Year 则用来判断聚类中引用年份的远近；计算术语排名前后的具体算法包括对数似然算法（LLR）、互信息算法（MI）、加权算法（LSI）。其中，LLR 算法选取聚类命名的依据是根据指标组成的向量来确定频度对应类别的特征词；MI 算法通过计算词条和类别的共现频率和出现频率的概率分布来确定聚类命名；LSI 算法则通过对潜在语义进行分析和索引后建立聚类的命名。

在本书中，我们选择了每年在参考文献中排名前 40%的论文用于识别地质灾害智能评估的聚类集群。应用对数似然算法，根据被引文献的关键词，识别出 10 个具有代表性的聚类集群。第 0～9 个聚类集群分别为：地面运动、深度学习、GIS、滑坡、影响、区块联系、预测、根加固、泥石流、验证。图 3-7 和表 3-5 呈现了基于 Web of Science 搜索结果获得的代表性聚类集群。只有当轮廓值大于 0.5 时，聚类结果才具有说服力。而表 3-5 确定的轮廓值在 0.81～1 之间，说明聚类集群结果是具有说服力的，每个聚类集群的成员具有很好的一致性。为了简单起见，本书只分析了前 5 个聚类集群（#0～#4），并在下面进行讨论。

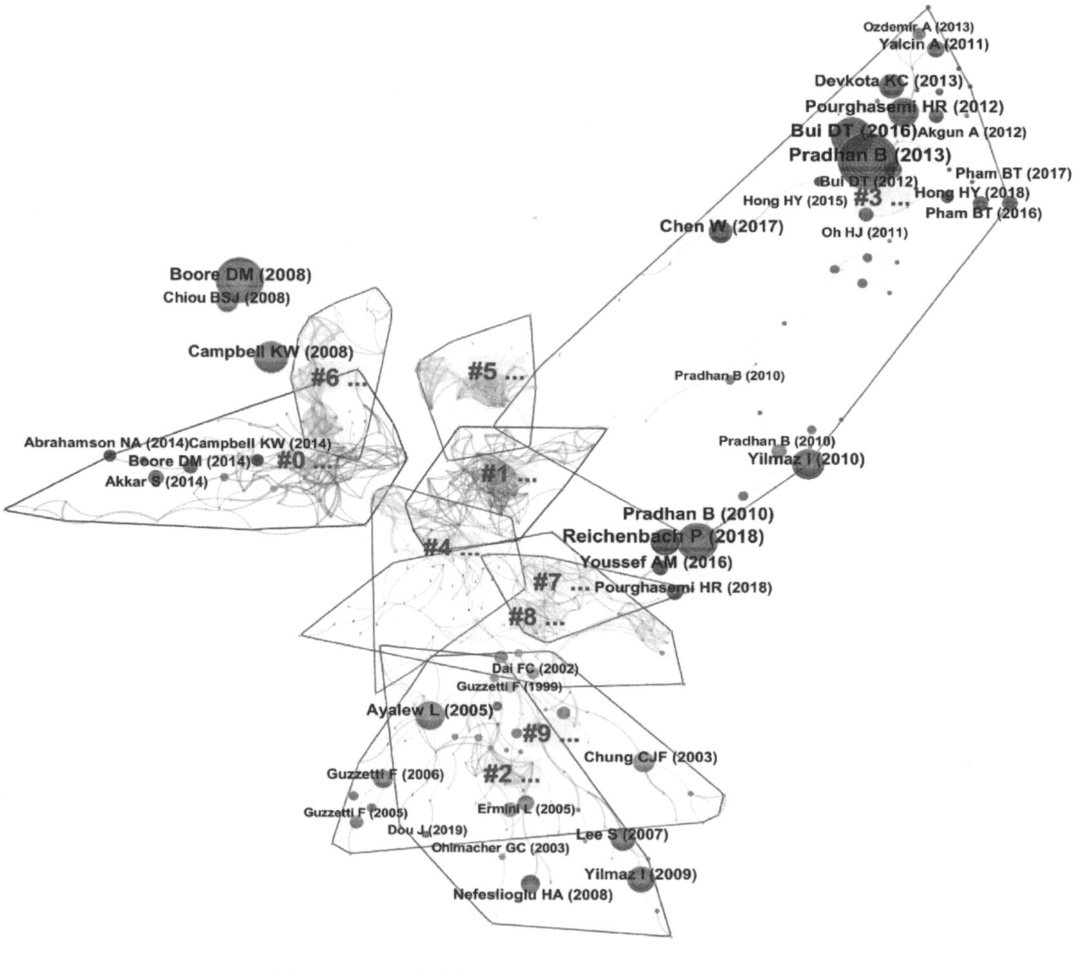

图 3-7　地质灾害智能评估领域中的聚类集群网络

表 3-5　地质灾害智能评估领域中的聚类集群

聚类集群编号	规模	轮廓值	聚类标签	代表性论文作者
＃0	70	0.81	地面运动	Boore 等(2008)
＃1	64	0.91	深度学习	Bui 等(2020)
＃2	61	0.97	GIS	Guzzetti 等(1999)
＃3	54	0.91	滑坡	Pradhan(2013)
＃4	47	0.92	影响	H. Kim 等(2021)

地面运动(＃0)：最大的聚类集群的标签，共有 70 个成员，轮廓值为 0.81。Boore 等(2008)发表的论文是该类别一篇具有代表性的论文。地表形变受近地表土壤、深层地质结构和地震等内外动力的影响。

深度学习(＃1)：第二大聚类集群的标签，共有 64 个成员，轮廓值为 0.91，其中代表性论文为 Bui 等(2020)发表的论文。深度学习是机器学习的一个主要分支，是一种基于人工神经网络(Deng et al.，2014)学习的算法。随着深度学习的发展，其强大的非线性数据处理能力越来越受到地质灾害研究人员的重视。深度学习在地质灾害智能评估方面具有很强的能力，它已被广泛应用于地质灾害分析和防治中，包括滑坡和泥石流识别、地震数据插值和降噪(Ma et al.，2021)。

GIS(＃2)：第三大聚类集群的标签，共有 61 个成员，轮廓值为 0.97。Guzzetti 等(1999)发表的论文是其中的代表性论文。地理信息系统是地理学、制图学和计算机技术的综合学科，目前广泛应用于地质灾害领域。地理信息系统技术有助于地质灾害风险评估和制图的定量研究，它在绘制地质灾害易感度图、土地规划利用、减少灾害损失等方面发挥了重要作用(Yalcin，2008)。

滑坡(＃3)：第四大聚类集群的标签，共有 54 个成员，轮廓值为 0.91。滑坡是常见的地质灾害之一，每年会给人们造成巨大的经济损失和安全威胁。代表性论文包括 Pradhan (2013)、Bui 等(2016)和 Pourghasemi 等(2012)发表的论文，这些论文讨论了人工智能在滑坡灾害中的具体应用。

影响(＃4)：第五大聚类集群的标签，共有 47 个成员，轮廓值为 0.92。影响标签包括影响因素和地质灾害造成的影响。Ma 等(2017)、H. Kim 等(2021)的代表论文对地质灾害的影响因素进行了研究。Claessens 等(2007)研究了地质灾害的影响。

3.2.5　地质灾害智能评估研究中的主要算法和未来趋势

在文献的关键词特征分析中，引用爆发最强的 10 个关键词都与人工智能技术有关。其中七个关键词是人工智能算法，这也说明人工智能算法已经成为地质灾害研究的重要方法。因此，有必要对地质灾害研究中常用的机器算法进行总结和分析。表 3-6 简要总结了地质灾害领域一些常用机器算法的优缺点。其中朴素贝叶斯、决策树和支持向量机是经典的机器学习算法。这些常见的单个机器学习算法被地质灾害研究人员广泛使用并在 2017 年相继出现引文爆发。近年来，包括自编码器和卷积递归神经网络在内的深度学习算法因其对原始自然数据的处理能力强(LeCun et al.，2015)和灾害定性预测的精度高(Ma et al.，2022a)被广泛使用。

表 3-6　地质灾害智能评估中常用机器算法总结

1		朴素贝叶斯
	概述	朴素贝叶斯是一种基于贝叶斯定理的分类算法。它基于特征之间的条件独立性假设，即假设给定类别下，特征之间是相互独立的(Zhang，2004)。其基本思想是通过计算后验概率来进行分类。给定一个待分类的样本，朴素贝叶斯算法计算每个类别的后验概率，并选择具有最高后验概率的类别作为预测结果。这里的后验概率是指在给定特征的条件下，某个类别的概率
	优点	·算法简单高效：朴素贝叶斯算法具有简单而高效的特点，在处理大规模数据集时表现良好。它的计算开销相对较小，训练速度快。 ·对小样本数据效果好：朴素贝叶斯算法在小样本情况下表现良好，因为它基于特征之间的独立性假设，可以更好地处理缺少大量标注样本的情况。 ·对于高维特征空间适用：朴素贝叶斯算法在高维特征空间中也能够取得较好的分类效果，适用于处理具有大量特征的数据集。 ·可解释性强：朴素贝叶斯算法基于概率模型，可以提供类别的概率预测和特征的条件概率，具备较好的可解释性
	缺点	·对特征之间的相关性敏感：朴素贝叶斯算法假设所有特征之间相互独立，但实际数据中很少有这种情况，特征之间的相关性可能会影响分类结果。 ·无法处理连续性特征和缺失数据：朴素贝叶斯算法通常采用离散特征的概率模型，对于连续性特征需要进行离散化处理，这可能引入信息损失。此外，朴素贝叶斯算法对于缺失数据的处理较为困难。 ·对先验假设敏感：朴素贝叶斯算法依赖先验假设，先验假设的选择可能对分类结果产生影响，不合理的先验假设可能导致不准确的分类结果。 ·适用性受限：朴素贝叶斯算法在处理文本分类、垃圾邮件过滤等领域表现良好，但在处理复杂的或具有复杂关系的数据集时可能表现不佳
2		决策树
	概述	决策树模型是一种用于分类和回归分析的机器学习算法。它是一种基于树状结构的模型，其中每个内部节点表示一个特征或属性，每个叶节点表示一个类别或输出值。决策树通过对输入数据集进行逐步分割，以创建一个树状的决策路径，最终用于预测新的输入数据(Kotsiantis，2013)
	优点	·可解释性强：决策树模型的决策过程易于理解和解释，可以通过树形结构直观地展示特征的重要性和分类规则。 ·数据预处理要求较低：相对其他算法，决策树对数据的预处理要求较低，能够处理缺失值和离散特征。 ·适用范围广：决策树可以处理各种类型的数据，包括数值型和分类型数据，适用范围广。 ·可扩展性强：决策树可以通过集成方法(如随机森林、梯度提升树)进行扩展，提高模型的性能和泛化能力
	缺点	·容易过拟合：决策树容易学习到训练数据的细节和噪声，从而导致模型过拟合，泛化能力下降。可以通过剪枝等技术来降低过拟合的风险。 ·对特征空间划分较为敏感：决策树的决策边界在特征空间中呈现垂直于坐标轴的特点，对于特征空间划分的变化较为敏感，可能导致模型不稳定。 ·忽略特征之间的关联性：决策树在构建过程中，通常只考虑当前节点最优的分割特征，忽略了特征之间的关联性。这可能导致某些关联特征的重要性被低估。 ·对于连续性特征处理较为困难：决策树处理连续性特征时，需要进行离散化或采用其他技术转换为类别型特征，这可能引入信息损失或增加计算复杂度

表 3-6(续)

3		支持向量机
	概述	支持向量机是一种用于分类和回归分析的机器学习算法，它是一种非概率的监督学习方法，通过寻找一个最优的超平面来进行数据的分类或回归(Tian et al.，2014；Nalepa et al.，2019)。支持向量机的核心思想是最大化支持向量到分隔超平面的距离，这个距离被称为间隔。最大化间隔有助于提高分类器的泛化能力，使其对未知数据的分类效果更好
	优点	· 在高维空间中有较好的分类性能，适用于处理高维数据。 · 可以通过选择不同的核函数来适应不同类型的数据。 · 在训练阶段仅依赖支持向量，而不是整个训练集，因此对内存的要求较低。 · 具有较好的泛化能力，对新的未知数据有较好的分类能力
	缺点	· 对大规模数据集的计算开销较大：支持向量机在处理大规模数据集时的计算开销较大，特别是在使用非线性核函数时。 · 参数调节困难：支持向量机中的参数选择对分类结果和模型性能具有较大影响，如选择合适的核函数、正则化参数和核函数参数等，需要进行仔细的调节和交叉验证。 · 对缺失数据敏感：支持向量机对缺失数据比较敏感，需要进行适当的数据预处理或采用缺失值处理的方法。 · 可解释性较差：支持向量机通常被视为黑盒模型，对模型的决策过程和预测结果难以解释
4		人工神经网络
	概述	人工神经网络是一种受到人脑神经系统启发的计算模型，用于模拟和实现机器学习和人工智能任务。它由一系列人工神经元组成，这些神经元之间通过连接进行信息传递和处理(Jain et al.，1996)。人工神经网络通常采用层级结构，包括输入层、隐藏层(可选)和输出层。输入层接收原始数据或特征作为输入信号，隐藏层用于处理输入信号并提取更高级的特征表示，输出层产生最终的预测结果或分类结果
	优点	· 学习能力强：人工神经网络能够通过大量的训练数据自动学习复杂的非线性关系和特征表示，从而具备强大的学习能力。 · 适应性强：人工神经网络可以适应不同类型的数据，包括图像、文本、语音等。它在处理各种领域的问题上表现出色。 · 并行处理：人工神经网络的计算可以并行进行，利用了现代硬件和分布式计算的优势，加速了训练和推断的过程。 · 鲁棒性较好：相对传统的机器学习算法，人工神经网络对于噪声和冗余数据具有一定的鲁棒性，能够处理一定程度上的数据噪声
	缺点	· 需要大量的训练数据：人工神经网络通常需要大量标注训练数据才能获得良好的性能，这可能限制了其在数据稀缺的问题上的应用。 · 训练过程复杂和耗时：训练人工神经网络模型需要大量的计算资源和时间，尤其是在处理深层网络(深度学习)时，训练过程可能非常复杂和耗时。 · 参数调整和网络设计困难：人工神经网络具有许多超参数和网络结构的选择，如隐藏层的层数、每层的神经元数量、激活函数的选择等，这需要领域专家的经验和反复尝试来确定最佳配置。 · 可解释性较差：人工神经网络通常被视为黑盒模型，难以解释模型的决策过程和预测结果，这在某些应用场景中可能会受到限制

表 3-6(续)

5		极限学习机
	概述	极限学习机是一个单层前馈神经网络,其核心思想是将输入层和隐含层之间的连接权重随机初始化,然后通过一次性计算输出层的权重,从而将训练过程转化为线性回归问题。具体来说,极限学习机将隐含层的权重设置为随机值,然后使用训练数据进行正向传播,得到隐含层的输出。接着,通过线性回归方法计算输出层的权重,使得输出能够最小化训练数据的误差(Li et al.,2018)
	优点	·高效性:极限学习机的训练过程只涉及一次权重计算,相对传统的反向传播算法,极限学习机的训练速度更快。 ·易于实现:极限学习机的算法实现相对简单,不需要复杂的迭代过程和梯度更新,降低了算法的复杂性,减小了计算开销。 ·较好的泛化能力:极限学习机具有较好的泛化能力,能够在训练数据外的样本上取得较好的预测性能。 ·可扩展性:极限学习机能够处理大规模数据集,适用于大数据环境下的机器学习任务
	缺点	·对于某些复杂问题,极限学习机的泛化能力可能不如传统的人工神经网络或其他更复杂的机器学习算法。 ·极限学习机对隐含层的大小和随机初始化的权重敏感,需要进行参数调优。 ·极限学习机的解释性相对较弱,难以解释模型内部的决策过程和特征表示
6		k 近邻算法
	概述	k 近邻算法是一种常用的监督学习算法,用于解决分类和回归问题。它基于实例之间的相似性度量,将新样本的分类标签或数值输出与其最近邻居的标签或输出进行决策(Gou et al.,2019)
	优点	·简单直观,易于理解和实现。 ·可以适用于多分类问题和回归问题。 ·对于训练数据的分布没有假设,适用于不规则的决策边界
	缺点	·对于大规模数据集,计算样本之间的距离可能较为耗时。 ·k 近邻算法对于高维数据和特征数量较多的问题可能不够有效。 ·需要选择合适的距离度量方法和 k 值,对参数的选择较为敏感
7		逻辑回归
	概述	逻辑回归是一种解决二分类问题的算法,基于线性回归的思想,使用一个逻辑函数(也称为 sigmoid 函数)将线性模型的输出映射到[0,1]区间上,以表示样本属于某个类别的概率。通常,逻辑回归使用对数概率作为线性模型的输出,并通过逻辑函数将其转换为概率(Tripepi et al.,2008;Mehrolia et al.,2021)
	优点	·简单而高效:逻辑回归是一种简单直观的算法,易于理解和实现。它的计算代价相对较低,适用于大规模数据集。 ·可解释性强:逻辑回归模型输出的是类别的概率,可以解释每个特征对分类结果的影响。它可以通过系数值判断特征的重要性。 ·对小样本有效:相对其他复杂的分类算法,逻辑回归在小样本情况下仍能表现出较好的性能。 ·对线性可分数据表现良好:当样本的特征与目标之间存在线性关系时,逻辑回归能够取得较好的分类结果

表 3-6(续)

7		逻辑回归
	缺点	• 对非线性关系拟合能力有限:逻辑回归是一种线性分类器,对非线性关系的数据拟合能力有限。在处理复杂的非线性问题时,逻辑回归可能表现不佳。 • 对异常值敏感:逻辑回归对异常值比较敏感,异常值可能对模型的训练产生较大的影响。 • 特征工程的需求较高:逻辑回归的性能受特征选择和特征工程的影响较大,需要事先对特征进行处理和选择,以提高模型的预测能力。 • 无法处理复杂的数据关系:逻辑回归假设样本的特征与目标之间存在线性关系,当数据存在复杂的交互作用和高阶关系时,逻辑回归无法很好地进行建模
8		集成算法
	概述	集成算法通过将多个基本模型组合在一起来提高预测性能和泛化能力。它通过将多个弱分类器或回归器组合成一个强分类器或回归器,取得更好的结果。集成算法的基本思想是通过组合多个模型的预测结果,以投票、平均或加权等方式生成最终的预测结果(Wang et al.,2017;Ma et al.,2022b)
	优点	• 可以显著提高模型的泛化能力和预测性能。 • 对噪声数据和过拟合具有一定的鲁棒性。 • 可以应用于各种机器学习任务,包括分类、回归和特征选择等
	缺点	• 对于大规模数据集,集成算法可能需要更多的计算资源和时间。 • 集成算法的解释性相对较弱,难以解释单个基模型的决策过程
9		深度学习
	概述	深度学习基于人工神经网络模型,通过多层次的神经网络结构进行特征提取和模式识别,逐步实现高级抽象和复杂推理,其核心是构建深层神经网络模型,这些模型通常由多个神经网络层(隐藏层)组成,这些隐藏层可以进行特征提取和抽象。每个隐藏层都由大量的神经元(节点)组成,它们通过学习数据之间的权重和连接关系来实现对输入数据的表征和转换。深层网络中的信息流动可以通过前向传播来实现,而网络的训练则通常使用反向传播算法(Min et al.,2017;Shen et al.,2017;Mater et al.,2019)
	优点	• 学习高级抽象表示:深层神经网络能够从原始数据中自动学习并提取出多层次的抽象特征,使得模型能够更好地理解数据的内在表示和特征。 • 处理大规模数据:深度学习在处理大规模数据时表现出色,通过使用并行计算和分布式计算等技术,能够有效地训练复杂的深层网络模型。 • 处理复杂任务:深度学习在图像识别、语音识别、自然语言处理、推荐系统等多个领域取得了重大突破,能够解决复杂的模式识别和预测问题
	缺点	• 深层网络的训练过程通常需要大量的计算资源和时间,特别是对于复杂的模型和大规模的数据集(Spring et al.,2017;Yuan et al.,2021)。 • 需要大量标注数据:深度学习模型通常需要大量标注的训练数据才能获得良好的性能,而获取大规模标注数据是一项挑战性的任务。 • 可解释性有限:深度学习模型通常被视为黑盒模型,难以解释模型的决策过程和预测结果

3.3 未来研究趋势

人工智能已被广泛应用于地质灾害智能评估。基于已有文献,本书构建了地质灾害智能评估的知识图谱,剖析地质灾害智能评估领域的研究现状与发展趋势。现阶段该领域研究仍处于发展阶段。未来地质灾害智能评估应该重点关注以下几个方面。

(1) 基准数据库的建立

人工智能模型是由数据驱动的(Ghahramani,2015),因此数据的规模和质量可能直接影响模型的性能(Ma et al.,2021)。然而,在数据的采集和共享方面仍然存在一些限制。首先,监测设备的高昂价格限制了现场监测设备的大规模应用,这制约了研究者获取高质量的现场数据。其次,地质灾害领域目前缺乏一个大规模、多类别的地质灾害数据集。尽管地质灾害智能评估领域已经发表了数万篇论文,但从这些论文中提取和利用公开数据仍然十分困难。不同机构的研究人员通常使用不同的数据集和研究方法,论文中的数据完整性差异很大,加剧了数据使用的难度。因此,建立数据共享和标准化基准数据库(Gewin,2016)将对该领域研究的发展起到重要推动作用。一些研究人员已经开始了数据共享工作。例如 Ji 等(2020)共享了一个大型滑坡数据集,其中包含滑坡图像、滑坡边界信息、滑坡区域数字高程模型数据等。Mousavi 等(2020)共享了大量高质量的地震分析数据集,其中包含局部地震波形和地震噪声波形等数据。这些公开的高质量数据集可以作为基准数据集,用于评估该领域不同人工智能算法的性能,并提供一个可重复的评估环境。此外,一个标准化的基准数据库不仅可为研究人员提供高质量的数据集,还可简化研究人员在数据管理方面的工作(Reichstein et al.,2019)。

(2) 人工智能与物理过程的集成

人工智能技术在滑坡易发性评价(Zhang et al.,2019)、地震识别和相位选择(Mousavi et al.,2020)、火山活动监测(Valade et al.,2019)等地质灾害智能评估中展现出良好的性能。然而,提高人工智能的可靠性仍然是该领域面临的一个难题(Ebert-Uphoff et al.,2019)。为了提高人工智能的可靠性,一些研究人员尝试将人工智能与物理过程集成,将人工智能技术强大的数据处理能力与物理过程的可靠性融合(Jiang et al.,2020)。例如,Depina 等(2022)将人工智能和物理过程相结合,并将其应用于非饱和地下水流动的研究中。通过采用数据驱动过程改善物理过程中难以表示的部分,并在人工智能算法中集成物理过程,提高算法的可靠性。

(3) 自动机器学习

人工智能建模的流程通常包括数据预处理、特征选择、机器学习模型的选择以及相关超参数的优化(Hutter et al.,2019;Sun et al.,2022),因此需要大量的计算机专业知识。降低对计算机专业知识的要求,实现处理步骤的自动化,是地质灾害从业人员和研究人员普遍期望的目标,也是该领域未来发展的趋势。自动机器学习在一定程度上克服了算法选择和超参数优化的问题,减少了对计算机专业知识的需求。例如,Auto-sklearn 软件基于贝叶斯算法优化超参数选择,并采用元学习和集成结构来自动化策略选择(Feurer et al.,2020)。Auto WEKA 基于贝叶斯优化技术实现了算法的自动选择和超参数优化(Kotthoff et al.,2019)。这些自动机器学习算法已经在医学(I. K. Kim et al.,2021)、力学(Sader et al.,2020)和地球科学(Hill et al.,2021)等领域证明了它们的实用性。

(4) 不确定性量化

人工智能建模过程中,数据和模型中存在的不确定性可能导致分析结果产生偏差。由于训练集数据中的类重叠和噪声产生了数据不确定性,而数据收集方式的限制使得数据不确定性无法完全消除。认知不确定性源于模型推理或模型性能引起的误差(Hüllermeier et al.,2021),这种误差是难以避免的。准确量化不确定性是提高人工智能分析结果可靠性和准确性的关键,也是地质灾害领域人工智能未来发展的方向。一些研究者已经开始进行不确定性量化的相关研究。最常见的方法包括贝叶斯不确定性量化和集合不确定性量化。前者侧重通过指定训练集来近似后验概率分布,例如蒙特卡洛方法(Neal,2012)和马尔可夫链蒙特卡洛方法(Kupinski et al.,2003)。集合不确定性量化通过组合多个模型(Abdar et al.,2021),如深度集合(Hu et al.,2019)和狄利克雷深度网络(Tsiligkaridis,2021),可以获得更高的精度。

(5) 可解释人工智能

大多数人工智能算法被认为是黑盒模型,无法对其结果提供合理的解释,这使得研究者和从业人员对人工智能生成的结果的认可度较低。这在很大程度上限制了该领域研究的发展,并引起了对可解释人工智能的越来越多关注(Adadi et al.,2018)。然而,基于过去的研究,可解释人工智能技术的研究方法越来越成熟(Carvalho et al.,2019;Guidotti et al.,2019),相关术语和度量标准也趋于统一(Hoffman et al.,2018;Mohseni et al.,2021),对可解释人工智能的评估和解释方法也有了一定的发展。例如,通过将模型分解为可解释的组件(Molnar et al.,2020)或可视化不同模型的权重,提高了深度学习在地震监测和相位选择中的可解释性(Mousavi et al.,2020)。未来的研究工作应包括克服定量人工智能解释方法中的不确定性、解释因果关系以及解释特征依赖性等问题,以推动该领域的进一步发展。

第 4 章　三峡库区滑坡时空分布特征及典型实例

4.1　滑坡分布特征

4.1.1　地理位置及地质环境

三峡库区位于四川盆地东部平行岭谷与湖北省西部山地交汇部位，是我国二级阶地和三级阶地的过渡地段，多高山峡谷。整个库区位于东经 106°～111°，北纬 28°～32°之间，面积约为 722 km^2，主要包含宜昌、秭归、兴山、巴东、巫山、巫溪、奉节、云阳、开县、万州、忠县、石柱、丰都、涪陵、武隆、渝北、巴南、重庆和江津等地区（图 4-1）。侏罗纪至白垩纪的燕山运动及新近纪的喜马拉雅运动造就了三峡库区中低海拔山脉和河谷广泛分布的地貌特征。库区的地势在秭归到奉节一段的海拔最高，向东西两边海拔逐渐降低，山脉的走向主要受地质构造的影响。

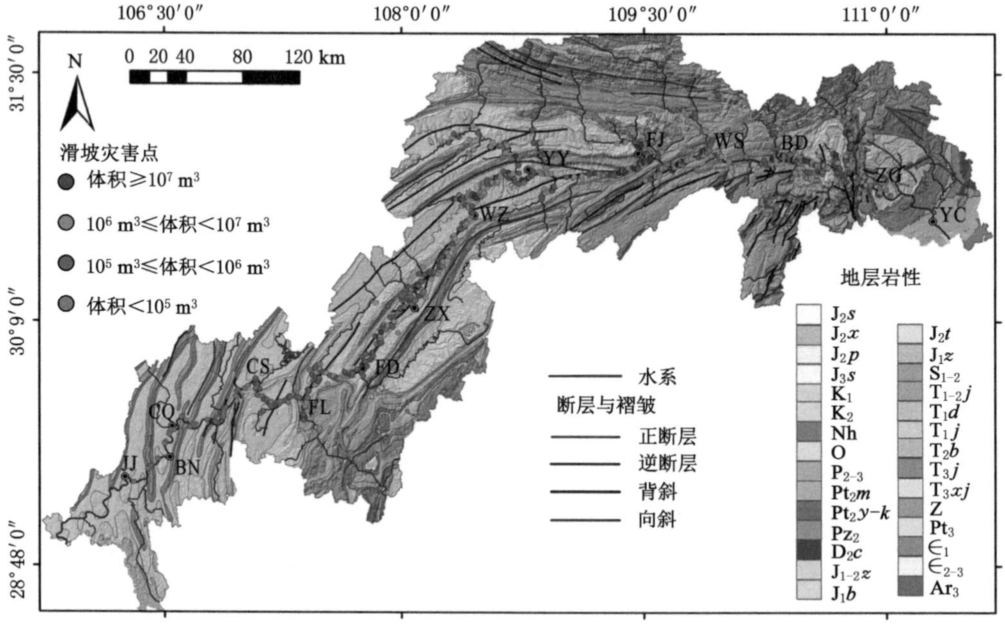

图 4-1　三峡库区地层与地质构造

注：江津（JJ）、巴南（BN）、重庆（CQ）、长寿（CS）、涪陵（FL）、丰都（FD）、忠县（ZX）、万州（WZ）、云阳（YY）、奉节（FJ）、巫山（WS）、巴东（BD）、秭归（ZG）、宜昌（YC）。

区域内地层自东向西整体上呈现由老到新的展布规律，除了志留系上统、泥盆系下统和石炭系上统未见出露外，震旦纪到第四纪的地层在三峡库区均有分布，其中主要以侏罗纪和三叠纪的红层为主，广泛分布于奉节东部、秭归东部及靠近巴东和秭归的部分地段。在奉节至秭归地段还分布有灰岩、泥灰岩和白云岩等沉积岩地层，由于岩性坚硬及岩溶作用的影响，该地区多发育陡峭的山峰峡谷。三峡库区在历史上经历了多次构造运动，形成了包括仙女山断裂带、九畹溪断裂带、天阳坪断裂带、黄陵背斜、秭归向斜、官渡口向斜等的多种断层和褶皱带，褶皱带从库区西部开始，由南北向东西转变，在东部与秭归向斜相交。

库区所处位置属于亚热带季风气候区，四季分明，气候湿润，降水充沛，年降雨量主要集中在每年的 5 月至 9 月，受季风气候的影响，库区不同地区降雨量也有所不同。其中降雨量最大的是万州地区，平均暴雨天数为 3～7 天，年降雨量达到 1 930 mm，由万州往西部和东部降雨呈减少趋势，年降雨量最小的是秭归地区，平均年降雨量约为 996 mm(Lin et al.，2006)。

自三峡工程建成并蓄水以来，库区库水位的变化主要分为三个阶段。第一阶段是 2003 年 4 月至 2006 年 9 月的试验蓄水阶段，前两个月内库水位第一次由 69 m 上升到 139 m，后一直在 139 m 左右小幅波动；第二阶段是 2006 年 9 月至 2008 年 9 月，前一个月内库水位第一次由 139 m 上升到 156 m，以后每年都在 145～156 m 之间变化；第三阶段是 2008 年之后，其中 2008 年至 2010 年间，库水位由 145 m 上涨到 172 m，且保持每年都在 145～172 m 之间变化，2010 年之后，库水位每年都在 145～175 m 之间波动。图 4-2 展示了三峡库区多年降雨量和库水位的变化。

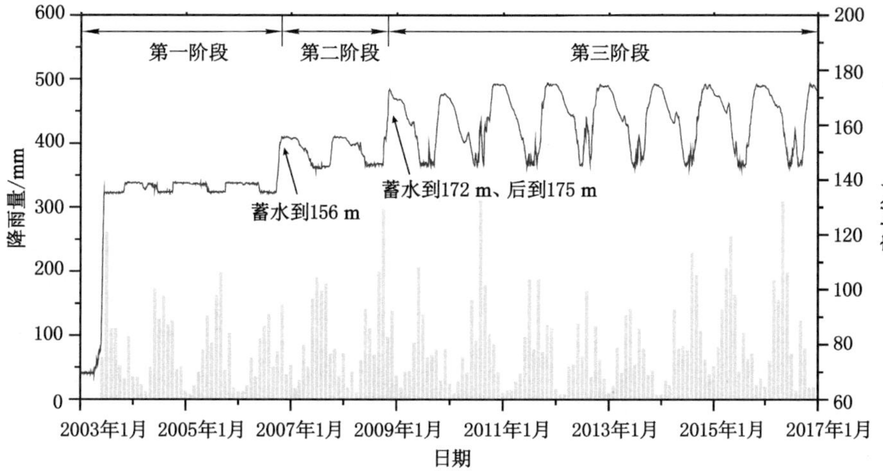

图 4-2　2003—2017 年三峡库区降雨量和库水位变化

4.1.2　滑坡发育规律

由于地质条件和水利工程的修建，三峡库区成为地质灾害极多的区域，地质灾害主要以滑坡、崩塌、泥石流、地裂缝和地面沉降为主。据统计，宜昌至江津段三峡库区总共发生地质灾害 4 429 起，其中崩塌滑坡 4 256 起，崩滑总方量达 4.24×10^{9} m^{3}，泥石流 58 起，地裂缝 42 起，地面沉降 73 起(Tang et al.，2019)。

本书收集了三峡库区发生滑动变形的 670 个滑坡的数据资料(Tang et al.,2019),滑坡总体积达 2.49×10^9 m^3。图 4-3 为所收集滑坡的大致分布情况,绝大部分滑坡沿着长江干流和支流沿岸发育,主要分布在三峡库区东部,在秭归、巴东、丰都、奉节、涪陵、万州、巫山、兴山、云阳、忠县,这十个县区中发育有 637 个滑坡,占比约为 95%,其中奉节的滑坡数量最多,达 93 个,巫山、涪陵、云阳的滑坡数量次之,也都达到了 70 个以上,各区县滑坡数量统计分布见图 4-4。调查的滑坡中,小型滑坡(体积$<10^5$ m^3)74 个,中型滑坡(10^5 m$^3\leqslant$体积$<10^6$ m^3)265 个,大型滑坡(10^6 m$^3\leqslant$体积$<10^7$ m^3)275 个,特大型滑坡(10^7 m$^3\leqslant$体积$<10^8$ m^3)56 个,中型滑坡和大型滑坡为三峡库区最常见的滑坡规模,占总数的 80.60%。

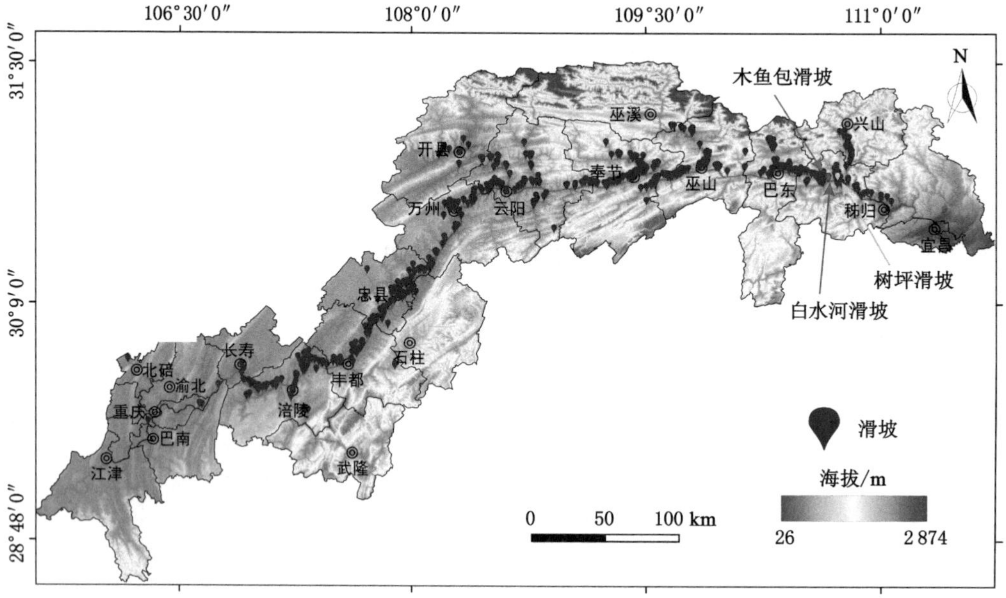

图 4-3　三峡库区滑坡案例分布情况

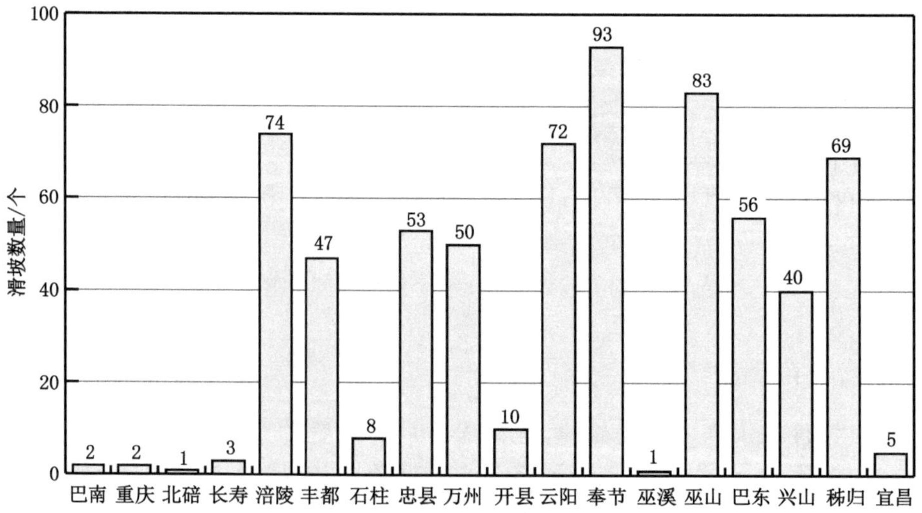

图 4-4　三峡库区各区县滑坡数量分布

三峡库区滑坡的发育存在明显的区域差异，大部分滑坡发育在万州以东海拔相对较高的地区，而万州以西滑坡发育相对较少，且越靠西边滑坡分布数量越少，例如在所收集的滑坡数据中，万州以东至秭归地段，共有滑坡 474 例，占比为 70.75%，万州以西至江津地段，共有滑坡 196 例，占比为 29.25%。整个库区滑坡集中分布在三个地段，分别是秭归—巴东段、巫山—万州段、忠县—江津段。其中秭归—巴东段发育的滑坡不仅密度大，规模也较大，相距 64 km 就发育有 165 个滑坡，大型、特大型滑坡占了 53%，典型滑坡有白水河滑坡、树坪滑坡和木鱼包滑坡；巫山—万州段发育有滑坡 309 个，以大型、特大型滑坡为主，占比为 62.78%，典型滑坡如藕塘滑坡和凉水井滑坡等；忠县—江津段发育有 191 个滑坡，以中型滑坡为主，占比为 52.75%，在长寿以西至江津段，滑坡数量显著减少，并且大多为小型滑坡。

4.2　滑坡变形响应特征

4.2.1　地层和斜坡结构

三峡库区地层结构中，除了少数地层缺失，从震旦系崆岭群至第四系均有分布，与发生滑坡变形破坏相关的地层主要有 12 个，它们与滑坡变形数量之间的关系如图 4-5 所示。其中 J_2s 和 T_2b 地层中发育的滑坡最多，共发育滑坡 412 个，占三峡库区总变形滑坡数量的 61.49%，其岩性大多为泥岩、泥质灰岩、粉砂质泥岩与长石砂岩互层，岩质较软弱、强度低，大多数顺层滑坡发育在此。J_3s、J_3p 地层中也发育有较多滑坡，其岩性主要为泥岩、粉砂质泥岩与砂岩互层，并且部分发育有软弱煤层。四种主要发育滑坡的地层中，均存在软弱夹层，虽然三叠系分布有大量岩质较硬的碳酸盐岩，但在含有黏土层、泥岩、页岩、泥灰岩等软弱夹层的地方，仍会有大、中型的滑坡和崩塌产生。

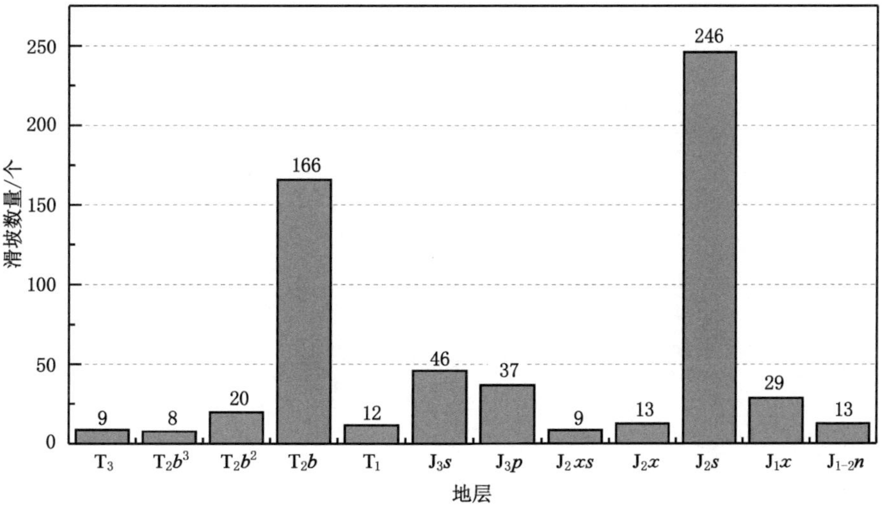

图 4-5　滑坡数量与地层之间的关系图

在统计的 670 个三峡库区变形滑坡中，土质滑坡只有 63 个，仅占总滑坡数量的 9.40%。其余的岩质滑坡中，顺向坡 405 个，占总数量的 60.45%，逆向坡 135 个，占总数量的 20.15%，横向坡 55 个，占总数量的 8.21%，水平坡 12 个，占总数量的 1.79%。顺向坡为三峡库区发育最多的滑坡，在地层倾向河流方向一定角度的岩层中，特别是褶皱背斜侧翼和向斜核心处，发育有大量的大型顺层滑坡，这不仅由于顺向的斜坡结构更容易发生滑动，还与所在地层中分布的软弱夹层有重要关系，大部分顺层滑坡分布于侏罗系和三叠系易滑岩组中，如秭归向斜中发育的千将坪滑坡和官渡口向斜中发育的黄土坡滑坡。

4.2.2 滑面形态

不同形态的滑面对坡体内应力分布产生和传递的影响也不同，三峡库区所查明滑坡的滑面形态可以分为四大类，即弧形、靠椅形、折线形和直线形，图 4-6 为四种滑面的形态特征图。图 4-7 所示为三峡库区滑坡滑面形态与滑坡变形数量之间的关系。由图 4-7 可以看出，滑面形态为弧形、靠椅形和折线形的滑坡变形数量相差不大，占比基本都在 28%左右，而滑面形态为直线形的滑坡数量较少，占比仅为 13.84%。

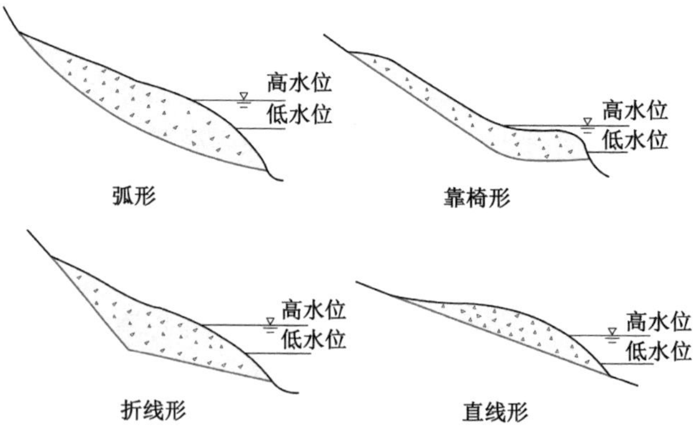

图 4-6　滑面形态特征

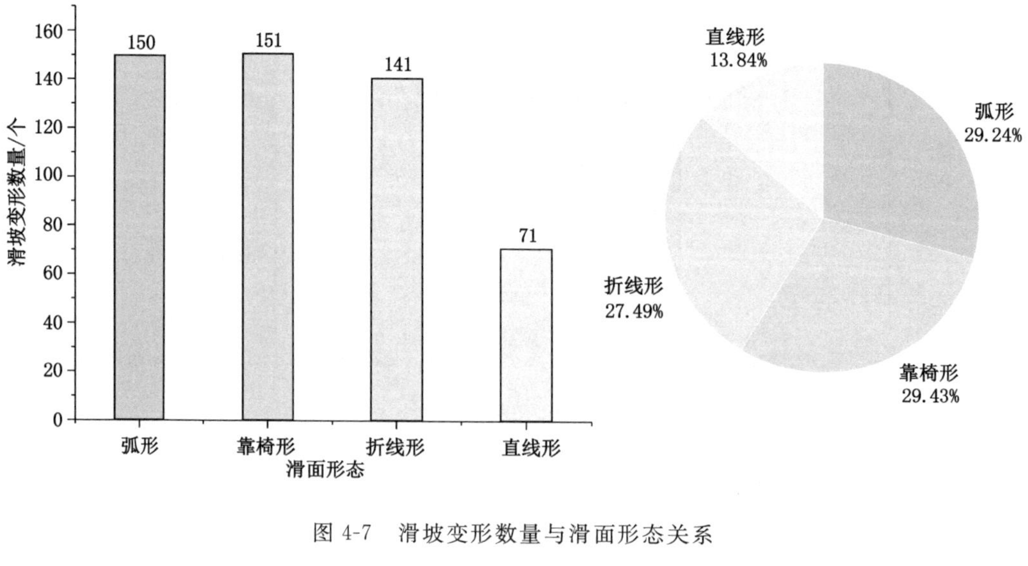

图 4-7　滑坡变形数量与滑面形态关系

不同滑面形态的滑坡对库水位升降的响应程度不同，弧形滑面滑坡的数量与库水位之间的关系如图4-8所示。从图4-8中可以看出，弧形滑面滑坡的变形主要发生在库水位首次由156 m下降到145 m期间和首次由145 m上涨到172 m期间，其他变形也大多发生在库水位下降阶段，库水位下降阶段发生变形破坏的弧形滑面滑坡的数量占全部数量的56%，说明弧形滑面滑坡的变形破坏主要是库水位下降时从内向外的渗透力造成的，这类滑坡大多属于动水驱动型滑坡。

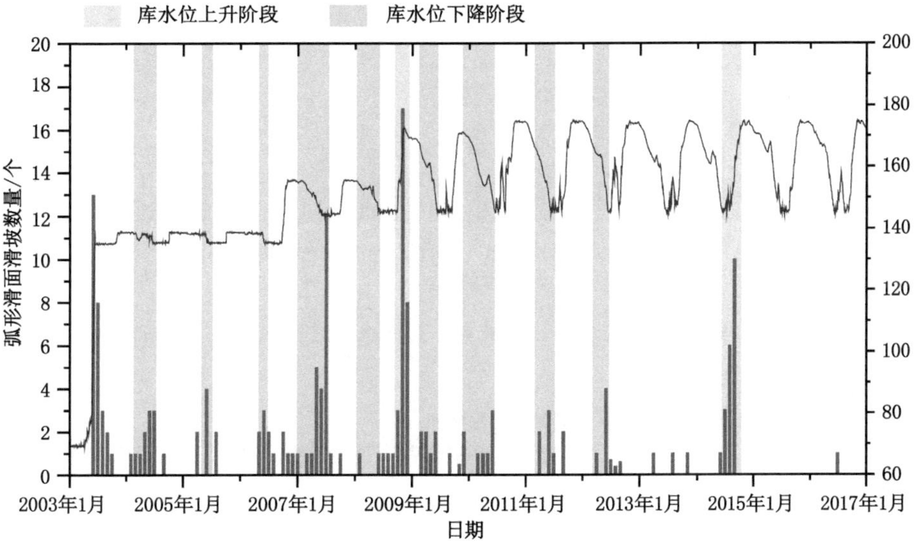

图4-8　弧形滑面滑坡数量与库水位之间的关系

滑面形态为靠椅形的滑坡滑体较厚，坡度较小、水平甚至反倾，重心集中在靠前的部位，正常情况下对滑坡体起到一定的阻滑作用，但是当前缘浸入水中时会产生较大的浮托力，前缘的阻滑效果会降低，因此这类滑坡更容易发生在滑坡体地下水位上升阶段。靠椅形滑面滑坡数量与库水位之间的关系如图4-9所示。从图4-9中也可以看出，靠椅形滑面滑坡的变形破坏主要发生在三峡库区库水位上升时期，并于首次由145 m上涨到172 m时达到最多，并且这类滑坡的发生主要集中在2006年9月至11月，库水位首次由135 m上升到155 m之后到2011年7月，其间发生变形破坏的靠椅形滑面滑坡的数量占所有靠椅形滑面滑坡的60.26%，之后发生变形破坏的数量明显减少，说明这类滑坡受前期蓄水影响较大，坡体内的应力分布改变明显，后期随着应力状态变化平稳滑坡变形也趋于稳定。因此，靠椅形滑面滑坡的变形破坏主要是库水位上升时期对滑坡体前缘抗滑段产生的浮托力造成的，这类滑坡一般属于浮托减重型滑坡。

折线形滑面滑坡在整个蓄水周期内发生变形破坏的分布较均匀（图4-10），数量最多的时期为库水位首次由145 m升至172 m期间，共有25个折线形滑面滑坡发生变形破坏。大部分折线形滑面滑坡的变形破坏都发生在库水位下降阶段，库水位下降阶段折线形滑面滑坡发生变形的数量占总数量的63.83%。折线形滑面滑坡与弧形滑面滑坡特点相似，均为中部较厚两边较薄，主要是库水位下降时从内向外的渗透力造成的，但当库水位首次上升至172 m时，也受浮托力影响，这类滑坡大多也属于动水驱动型滑坡。

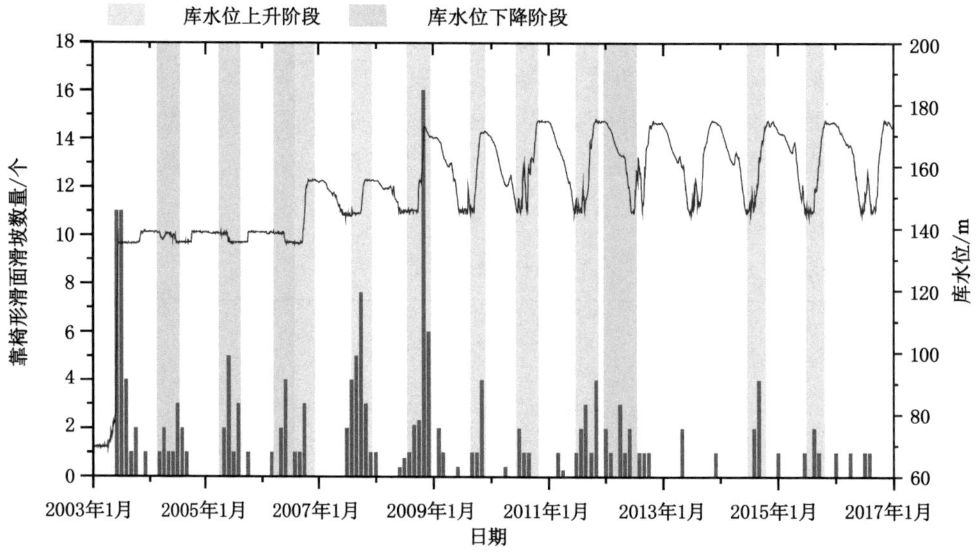

图 4-9　靠椅形滑面滑坡数量与库水位之间的关系

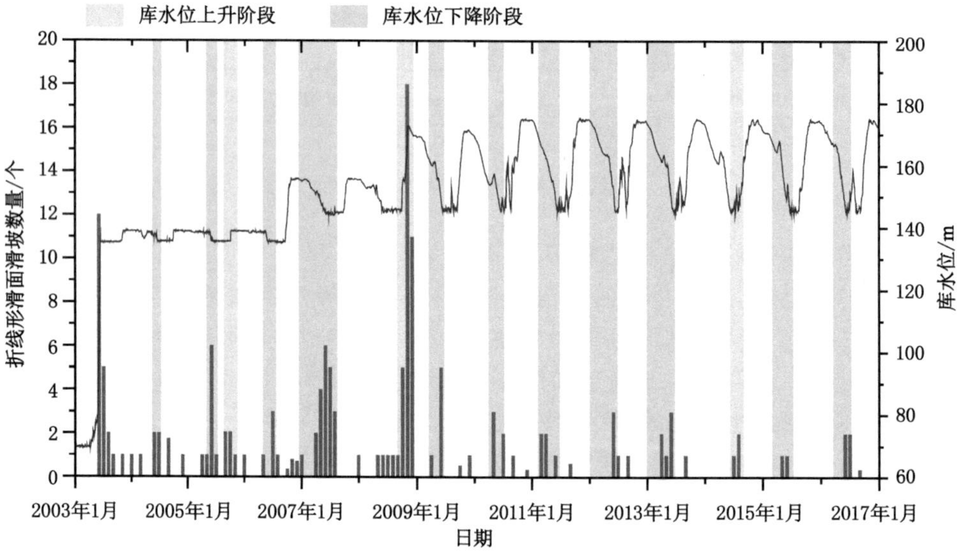

图 4-10　折线形滑面滑坡数量与库水位之间的关系

直线形滑面滑坡在三峡库区内发育相对较少，发生变形破坏的时间主要分布在库水位上升到 172 m 之前，2008 年 11 月蓄水至 172 m 之后发生变形破坏的数量较少，说明直线形滑面滑坡受前期蓄水过程的影响较大，蓄水过程中坡体内部应力状态改变，之后应力变化逐渐稳定，滑坡趋于稳定。从直线形滑面滑坡变形破坏数量和库水位之间的关系（图 4-11）可以看出，此类滑坡在库水位上升与下降阶段均有发生，占比分别为 49.30％和 50.70％，数量相当，说明库水位上升阶段的浮托力和库水位下降阶段的渗透力对直线形滑面滑坡的变形破坏影响程度相当，在库水位突增时期浮托力影响大，在库水位下降时期渗透力影响大。

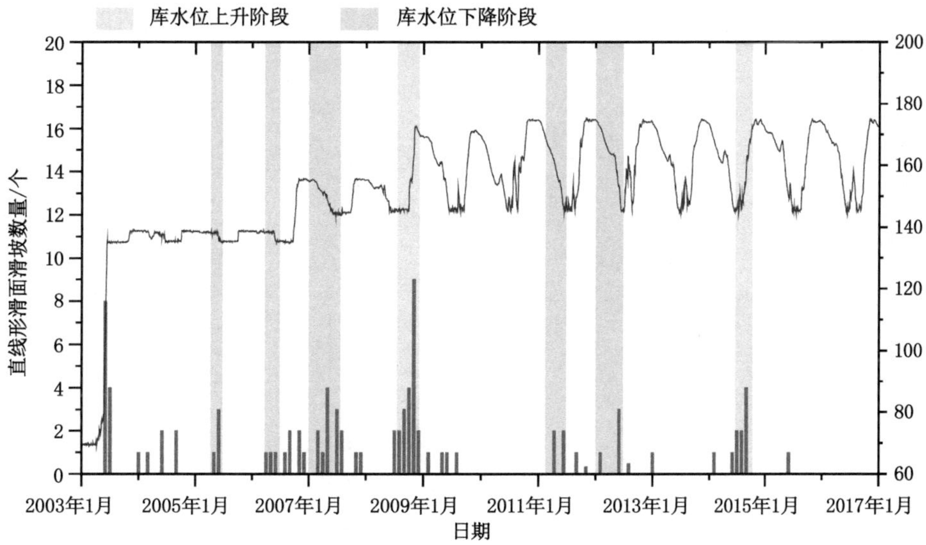

图 4-11　直线形滑面滑坡数量与库水位之间的关系

4.2.3　渗透性

对三峡库区的 239 个滑坡进行渗透性计算，得到渗透系数与滑坡变形破坏数量之间的关系图(图 4-12)，滑坡渗透系数分布在 0.01～15.93 m/d 之间，渗透系数的中位数、平均值和标准差分别为 1.10 m/d、2.10 m/d 和 2.76 m/d，主要分布在 0.01～5.0 m/d 之间。为了得到渗透性与滑坡变形破坏之间的关系，在三峡库区查明饱和渗透系数的 239 个变形滑坡中，根据饱和渗透系数将滑坡的渗透性分为强渗透性、良渗透性、中渗透性和弱渗透性四个等级(汤明高等，2019)(表 4-1)。图 4-13 统计了三峡库区滑坡渗透等级与滑坡变形数量之间的关系，从图中可以看出，在统计的 239 个变形滑坡中，良渗透性滑坡有 119 个，占变形滑坡总数的 49.79%，中渗透性滑坡有 115 个，占比为 48.12%，强渗透性滑坡只有 5 个，占比为 2.09%，没有弱渗透性滑坡。由此可知，三峡库区变形滑坡的渗透性以良、中为主。

表 4-1　滑坡渗透等级划分

渗透等级	饱和渗透系数 K/(m/d)
强渗透性	$K>10$
良渗透性	$1\leqslant K\leqslant 10$
中渗透性	$0.01\leqslant K<1$
弱渗透性	$K<0.01$

这也说明良渗透性和中渗透性的坡体更容易发生滑坡，更容易受坡体内地下水位的影响，这主要是因为在中渗透性和良渗透性滑坡中，水位上涨和下降时，在轻微透水性的岩土体中不能快速进入和消散，以至于在坡体内部的孔隙水压力产生向内和向外的渗流力，对周围岩土体施加力的作用，从而导致坡体的变形和破坏。而在强透水性坡体中，水位可以

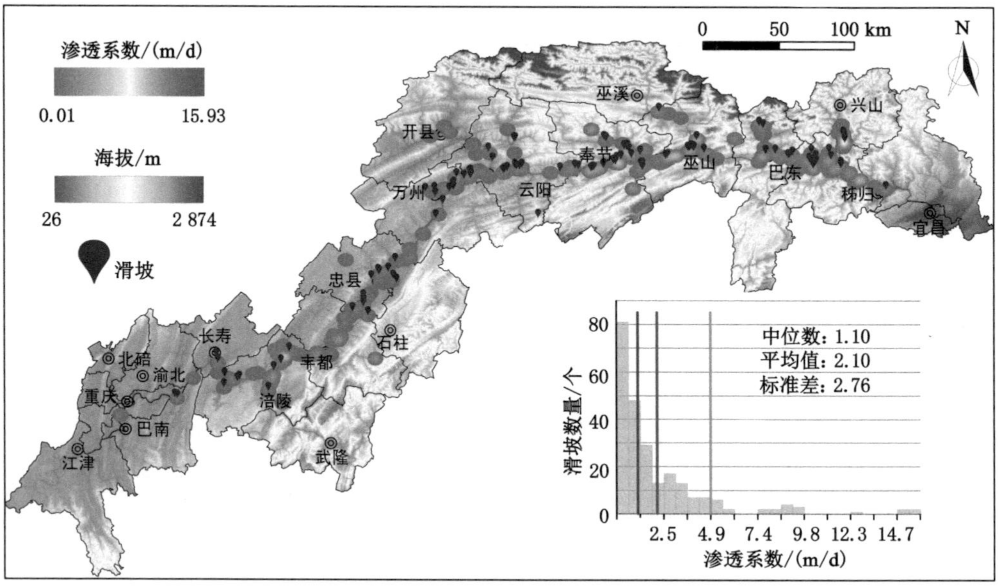

图 4-12　渗透系数与滑坡变形破坏数量之间的关系

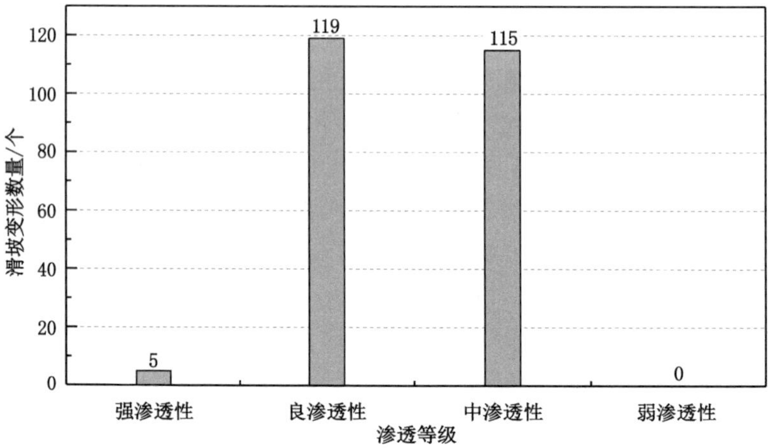

图 4-13　三峡库区滑坡渗透等级与滑坡变形数量之间的关系

快速地上涨和退去，产生的孔隙水压力和渗流力相对较小，不至于对坡体造成破坏。在透水性小的坡体中，地下水位的上涨和下降都无法使水完全进入坡体中，无法产生更多的孔隙水压力和渗流力，因此比较稳定，不易发生变形和破坏。

4.2.4　库水位

三峡库区分布的滑坡中，大部分变形都发生在水库蓄水期间，尤其在三次初次升降期间。滑坡变形的数量与库水位关系如图 4-14 所示，由图 4-14 可以看出，2003 年 6 月至 10 月，在库水位首次从 69 m 蓄水到 135 m 期间，有 116 个滑坡发生变形移动，之后的 2003 年 6 月至 2006 年 9 月期间，滑坡发生变形破坏的数量随着库水位升降而波动，大部分都是在蓄水或降水期间发生，稳定期滑坡变形的数量较少。第二个滑坡大规模发生变形的阶段是 2007 年 3 月至 8 月，库水位首次从 156 m 下降到 145 m 期间，有 100 个滑坡发生变形移动。2008 年 10 月至 12 月，库水位由 145 m 至 172 m 初升期间，滑坡变形的数量迎来了第三个高峰，总共有 132 个。而在之后库水位较为规律波动的平稳期内，滑坡变形的数量显著减少并呈现一定的规律，即滑坡变形主要发生在每年的 6 月和 9 月间，这是由于 6 月库水位下降速度加快、9 月库水位上升速度加快。

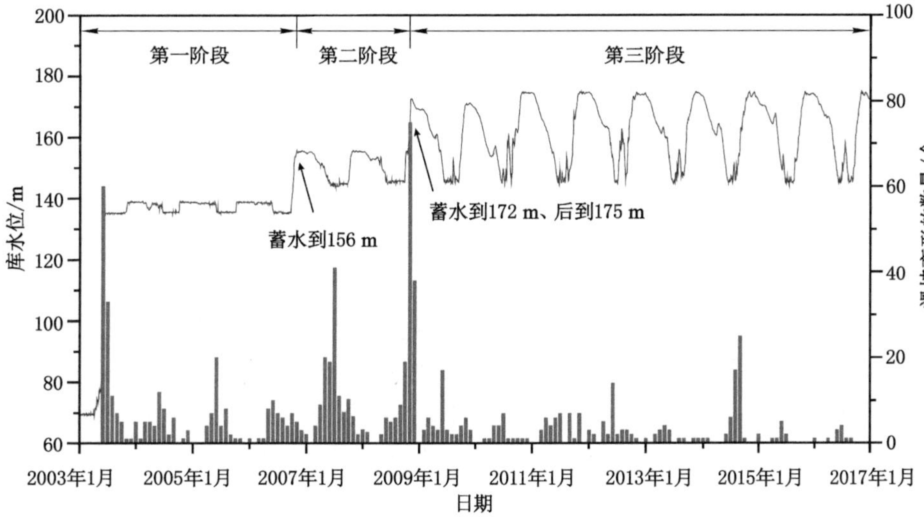

图 4-14　滑坡变形的数量与库水位关系

大部分滑坡变形发生在 2003 年 6 月至 2009 年 6 月期间，约有 485 处，占整个滑坡变形总数量的 72.4%，这主要与水库开始分阶段蓄水有关。在三个库水位初次升降阶段，发生变形的滑坡数量约占三峡库区滑坡总数量的 54%，其中在库水位上升期发生变形的滑坡数量占 64%，在库水位下降期发生变形的滑坡数量占 36%。在每次库水位首次上涨或下降期间，滑坡发生变形的数量是最多的，之后随着库水位周期性波动，滑坡发生变形的数量也随之递减，这与库水位的升降影响坡体内部的含水量和渗透性有关。库水位急剧上升时期，在孔隙水压力作用下，对半透性物质有轻微的透水性使水不能快速进入坡体，从而产生向内的渗流力。同样，库水位急剧下降时期，坡体内部的孔隙水压力不能迅速消散，从而产生向外的渗流力，进而导致滑坡的变形破坏。

库水位的升降改变了孔隙水压力，进而改变了坡体内部的应力分布状态，根据受力不同而导致滑坡变形破坏机制不同，可以将水库滑坡分为浮托减重型和动水驱动型两类(图 4-15)。浮托减重型滑坡主要发生在库水位上升时期，由于水进入坡体后产生向上的浮托力，减小了滑体重力效应对滑带产生的压力，从而减小了滑带与滑体间的摩擦力，导致滑坡体的抗滑力下降，发生变形破坏。浮托力对这类滑坡影响最大的是抗滑段，而对于下滑段，由于浮托力的作用下滑力会减小，反而有利于滑坡的稳定。随着库水位的升高，滑坡体淹没水中的体积增大，产生的浮托力也增大，减重效应就更明显，因此这类滑坡的变形破坏主要受控于库水位。三峡库区的千将坪滑坡和木鱼包滑坡就是典型的浮托减重型滑坡。

动水驱动型滑坡则主要发生在库水位下降时期，由于滑坡体物质的渗透性，坡体内部的地

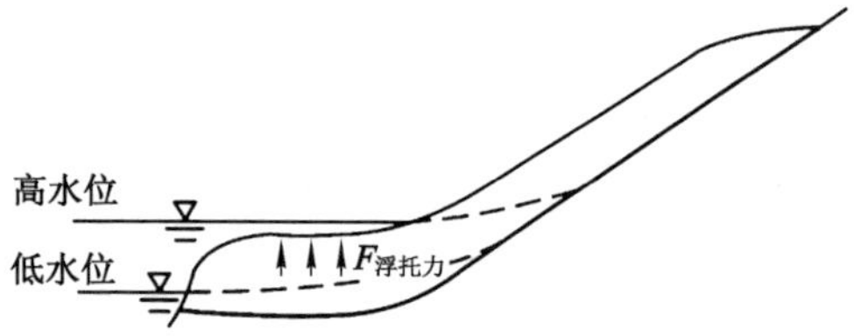

(a) 浮托减重型滑坡失稳模式

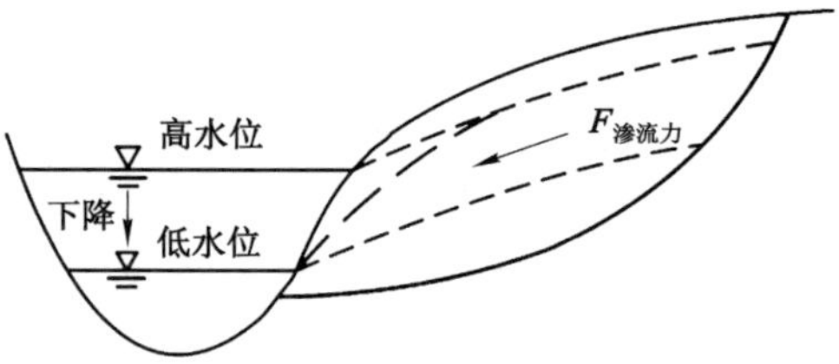

(b) 动水驱动型滑坡失稳模式

图 4-15　浮托减重型和动水驱动型滑坡失稳模式示意

下水流出滞后于库水位的下降，产生由内向外的渗流力，从而导致滑坡的变形破坏。而在库水位上升时期，由于坡体内的地下水流入滞后于库水位的上升，产生由外向内的渗流力，反而有利于滑坡的稳定。由于动水驱动的作用，水位变化越快，水头差越大，产生的渗流力也越大，因此这类滑坡的变形破坏主要受控于库水位下降的速率。三峡库区的白水河滑坡和树坪滑坡均属于典型的动水驱动型滑坡。

除了这两种类型滑坡之外，还有一种既受浮托减重作用也受动水驱动作用的复合型滑坡，这类滑坡所受浮托力和渗流力的影响相当，主要发生在特定的库水位升降阶段。

统计的三峡库区发生滑动变形的 670 个滑坡中，浮托减重型滑坡 149 个，占比为 22.24%，动水驱动型滑坡 362 个，占比 54.03%，复合型滑坡 159 个，占比 23.73%。在水库滑坡中，动水驱动型滑坡为主要滑坡类型。

4.2.5　降雨量

三峡库区滑坡地下水的主要补给来源除了水库建成后的蓄水外，就是大气降雨，每年随着雨水充沛的季节来临都伴随着滑坡变形的发生。图 4-16 展示了 2003—2006 年滑坡变形的数量与降雨量之间的关系，可以看出，每年降雨量最大的时候，滑坡发生变形的数量都会迎来一个高峰。为了减小库水位对滑坡变形的影响，更好地分析降雨量与滑坡变形数量的相关关系，选取水库蓄水稳定时期(没有大幅度升降时期)来分析降雨量与滑坡变形的关系，如 2005 年 6 月至 9 月，水库蓄水稳定在 135 m 左右，降雨量达到当年降雨量最大值，四个月期间的日均降雨量达到 4.80 mm，滑坡发生变形破坏的数量达到 34 个，占到当年滑坡发生变形破坏总数的 72.34%。在水库三阶段蓄水结束后的稳定期，2015 年 4 月至 6 月期间，当降雨量达到最大值 5.53 mm/d 时，发生变形的滑坡数量达到 48 个，占当年滑坡变形总数量的 90%以上。

无论是水库三阶段蓄水期间的稳定期，还是三阶段蓄水后的稳定期，降雨都与滑坡的变形破坏有很大的关系，在三峡库区降雨量每次达到最大值期间都伴随着滑坡变形数量的增加，有的是由降雨诱发而导致的变形破坏，如千将坪滑坡，有的则是受大暴雨影响而导致的变形破坏，如曾家棚滑坡。这主要是由于降雨不仅能够冲刷斜坡，使表面岩土体流失，改变表面形态，还会改变坡体内部的含水量和渗流力，软化结构面，这些都会对滑坡的稳定性产生很大的影响。

综上所述，在三峡库区内，滑坡变形的因素主要为内在的地层、斜坡结构、岩土体结构组成与外在的降雨量、库水位等。其中软弱夹层的存在对滑坡变形有着十分重要的影

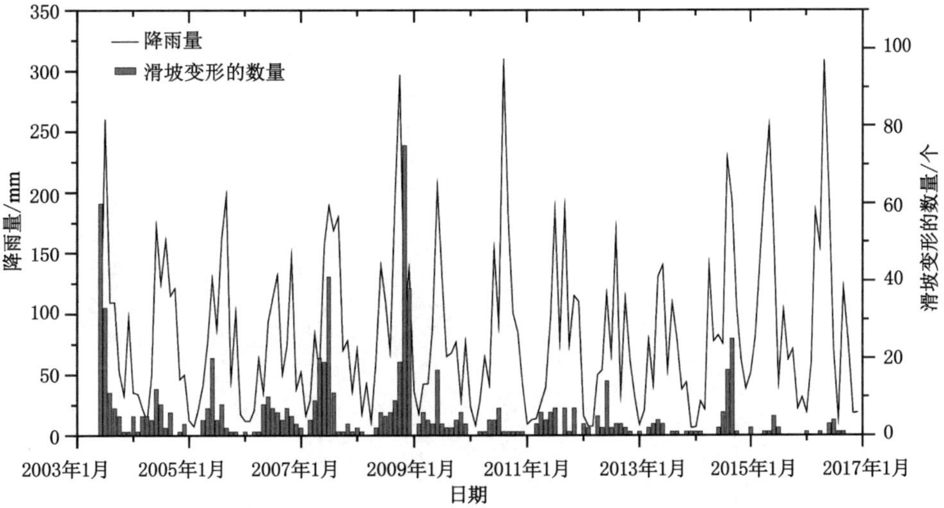

图 4-16　2003—2006 年滑坡变形数量与降雨量之间的关系

响，岩土体的结构组成影响着滑坡渗透性，降雨量和库水位则改变了坡体内应力的分布，影响滑坡的重力、渗流力和浮托力，进而影响坡体的稳定性。这些影响因素往往不是单独作用的，而是共同作用的，其中斜坡结构可以作为滑坡本身的因素，它一般不会影响其他因素对滑坡的作用，在三峡库区，往往以库水位为主、降雨量为辅影响着滑坡的变形与破坏。

4.3　典型水库滑坡实例分析

上一节对区域滑坡发育特征和影响因子进行了宏观的概括和简要分析，为了进一步明确水库滑坡变形的诱发因素，本节选用三峡库区具有代表性的动水驱动型滑坡白水河滑坡、树坪滑坡和浮托减重型滑坡木鱼包滑坡等几个典型滑坡进行相关分析。

4.3.1　白水河滑坡

（1）工程地质概况

白水河滑坡位于湖北省宜昌市秭归县沙镇溪镇，经度为 E110°36′35″，纬度为 N31°01′24″，是长江右岸的一个古滑坡，距离三峡大坝的直线距离约为 56 km，滑坡位置如图 4-17 所示。图 4-18 和图 4-19 分别为白水河滑坡的工程地质平面图和剖面图，滑坡剖面呈折线形，滑坡轴向长度约为 600 m、宽度约为 700 m，滑体平均厚度约为 30 m、体积约为 1.26×10^{7} m^{3}，滑坡前缘的海拔高程约为 70 m，低于水库蓄水水位 175 m，属于涉水滑坡，滑坡后缘高程约为 410 m，主要滑动方向为 20°。滑坡前后部较陡，中部平缓，存在滑坡平台，前部倾角约为 29°，中部倾角约为 8°，后部倾角约为 36°。滑体物质主要由粉砂质黏土和砾石碎屑构成，滑带主要由碎石土和含砾粉质黏土构成，下伏泥质粉砂岩和泥灰岩。岩层整体倾向为 15°，倾角为 36°。白水河滑坡由变形区和相对稳定区两部分组成，滑坡的变形破坏主要发生在变形区内，变形区体积约为 6.45×10^{6} m^{3}。

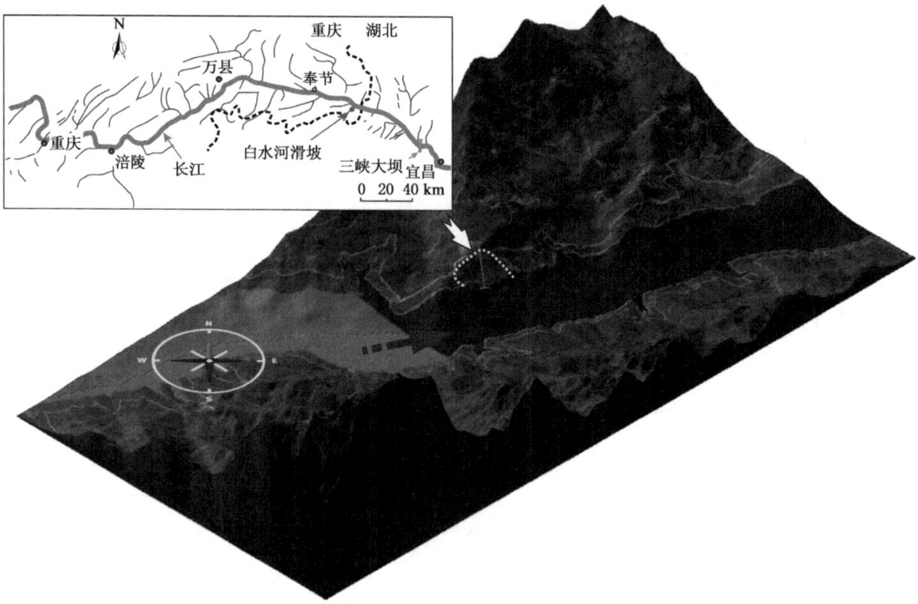

图 4-17　白水河滑坡地理位置

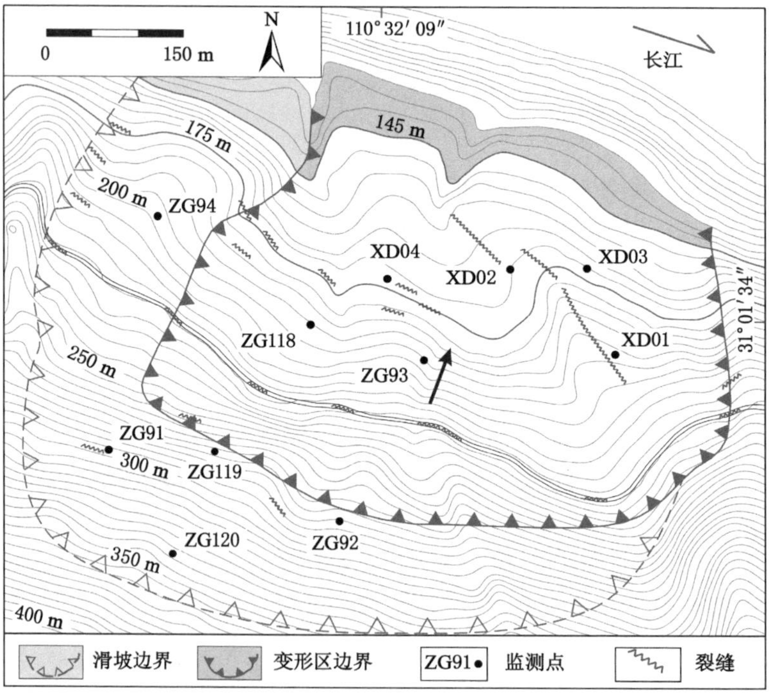

图 4-18　白水河滑坡工程地质平面图

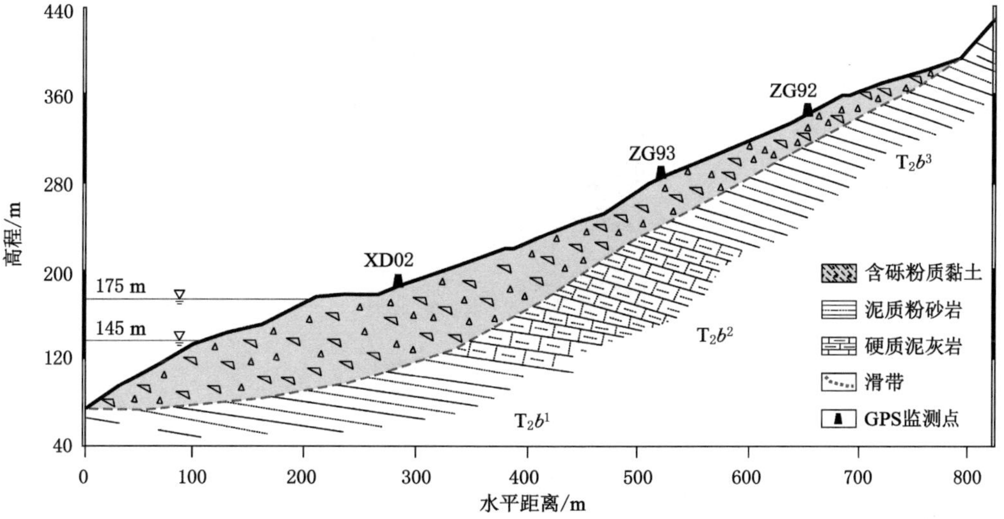

图 4-19 白水河滑坡工程地质剖面图

(2) 变形监测与分析

2005 年 8 月和 2006 年 8 月，变形区发生了一系列小规模崩塌。2007 年 6 月 30 日，变形区发生了约 10^5 m^3 的塌方，2008 年后，变形区趋于稳定，直到 2015 年 6 月，变形区发生了较大的变形。最新的现场监测资料显示，2017 年 2 月至 12 月间，每个月都发生不同程度的宏观变形现象，如由于滑坡持续变形作用导致的 2017 年 7 月滑坡变形区中后部沙黄公路挡墙开裂加剧(图 4-20)，以及当月大雨导致的滑坡中部局部变形破坏(图 4-21)；2017 年 8 月由于滑坡累积变形导致的路面开裂和路基破坏(图 4-22)；2017 年 9 月滑坡变形导致的路基下沉和路面开裂(图 4-23)(黄海峰等，2019)。

图 4-20 滑坡中后部公路挡墙开裂

(图片来源:《白水河滑坡专业监测年报汇编》)

白水河滑坡监测点的布置由相对稳定区内的 5 个 GPS 监测点和变形区内的 6 个 GPS 监测点共 11 个监测点组成，具体位置如图 4-18 所示。其中变形区内部监测点 ZG118、XD01 和 XD02 的位移监测数据与库水位、降雨量之间的关系如图 4-24 所示。从图中可以看出，滑坡变形位移与库水位的下降和降雨量的增加都具有很强的相关关系，如在 2007 年

图 4-21　滑坡局部变形破坏
（图片来源：《白水河滑坡专业监测年报汇编》）

图 4-22　路面开裂变形
（图片来源：《白水河滑坡专业监测年报汇编》）

图 4-23　路基下沉和路面开裂
（图片来源：《白水河滑坡专业监测年报汇编》）

4 月至 7 月，降雨量达到当年最大值，其间有 5 次达到 40 mm/d 以上，滑坡位移呈现较大的阶跃型特征。2007 年 2 月至 7 月，三峡水库水位第一次由 156 m 下降到 145 m，滑坡位移发生了自监测以来的最大变化，达到近 800 mm。之后的滑坡位移阶跃型突变基本上都发生在每年的 4 月至 8 月库水位最低、降雨量最大的时间段，且库水位下降的速率越快，滑坡变形的速率也随之增加，如库水位在 6 月中旬的下降速率最大达到 0.2～0.4 m/d，此时滑坡的变形速率也达到当年最大值 20.6 mm/d。2009 年之后的滑坡变形位移低于 2007 年和 2008 年，且随着时间的推移，变形速率逐年减小。

（3）诱发因素分析

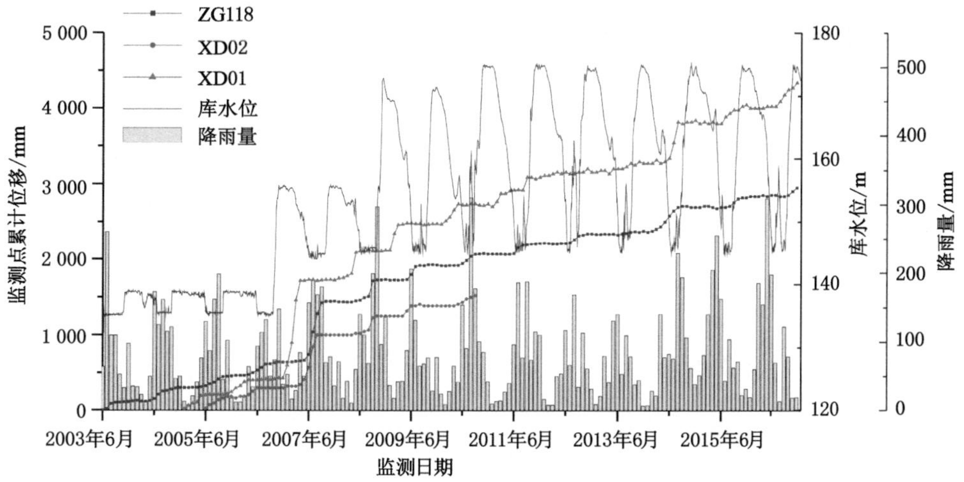

图 4-24　白水河滑坡监测点位移与降雨量、库水位的关系

白水河滑坡是典型的动水驱动型滑坡，根据滑坡监测位移与库水位、降雨量之间的关系，以及滑坡体结构组成等特点分析可知，每年的 4 月至 8 月是滑坡发生变形的主要时间段，降雨和库水位变化是滑坡发生变形的主要因素。

在 2007 年 2 月至 5 月库水位首次由 156 m 下降至 145 m 期间，白水河滑坡出现了监测以来最大的一次变形，滑坡位移变化量达到最大值，后期随着库水位的波动，滑坡位移的变化也逐年减小，说明在试验蓄水阶段，库水位的突变对滑坡稳定性的影响是最大的。在达到稳定水位 145 m 后，滑坡的变形速率仍保持在较高水平，这主要是由于 4 月中旬至 5 月发生的持续时间较长、强度较大的降雨，该次降雨一直持续到 7 月下旬，其间多次降雨量在 40 mm/d 以上，最大降雨量达 75.1 mm/d，最大变形速率达 20.62 mm/d，这一时期库水位已稳定，影响滑坡变形的主要因素为持续的降雨。在首次库水位下降之后的蓄水周期中，滑坡的变形都在小范围内变化，这主要是由于白水河滑坡滑体物质的渗透性较差，坡体内部的地下水流出滞后于库水位的下降，产生由内向外的渗流力，使之发生了大变形；后期随着水位升降，坡体内部的应力状态逐渐变得稳定，库水位波动对滑坡变形的影响逐渐减小。而后期每年降雨期降雨量达到最大的时候都伴随着滑坡变形的突增，因此后期降雨量对滑坡变形的影响大于库水位波动带来的影响。

综上所述，2008 年之前影响白水河滑坡变形的主要因素是库水位的波动，降雨量起促进作用；2008 年之后影响白水河滑坡变形的主要因素是降雨量，库水位波动起促进作用，且库水位的影响有一定的滞后性。

4.3.2　树坪滑坡

(1) 工程地质概况

树坪滑坡位于湖北省宜昌市秭归县沙镇溪镇树坪村，经度 E110°37′0″，纬度 N30°59′37″，是长江右岸的一个特大型古滑坡，距离三峡大坝的直线距离约为 47 km(滑坡位置见图 4-25)。图 4-26 和图 4-27 分别为树坪滑坡的工程地质平面图和剖面图，滑坡表面呈圈椅状，剖面呈凸形，轴向长度约为 800 m、宽度约为 700 m，滑体平均厚度约为 50 m、体积约为 $2.75\times10^7\ m^3$，滑坡前缘高程约为 60 m，滑坡后缘最高点高程约为 400 m，主滑方向约为 46°，坡面整体坡度约为 15°，滑体中部厚前后部薄，滑面为直线形。所处地层为三叠系中统巴东组(T_2b)，倾向大致为 120°～173°，倾角为 9°～38°，滑体物质主要由灰岩、泥岩、粉砂岩夹页岩组成，斜坡结构为逆向坡。树坪滑坡主要由滑动变形区和影响区两部分组成，其中滑坡的变形破坏主要发生在滑动变形区，体积约占总滑坡体体积的 57.27%，约为 $1.575\times10^7\ m^3$。

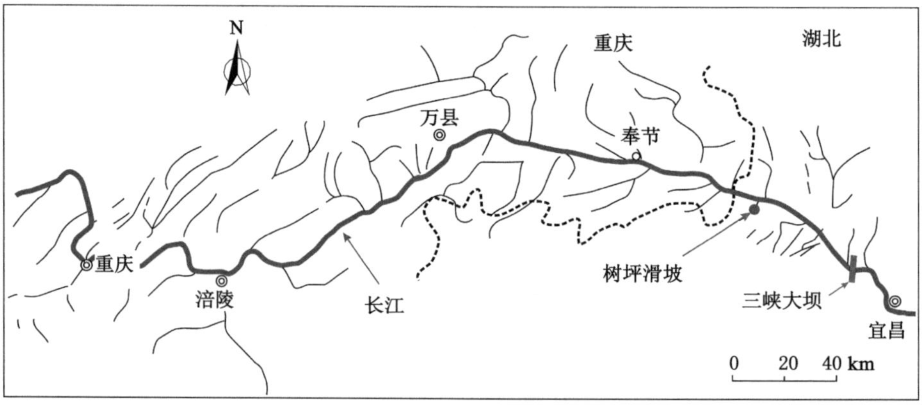

图 4-25 树坪滑坡地理位置

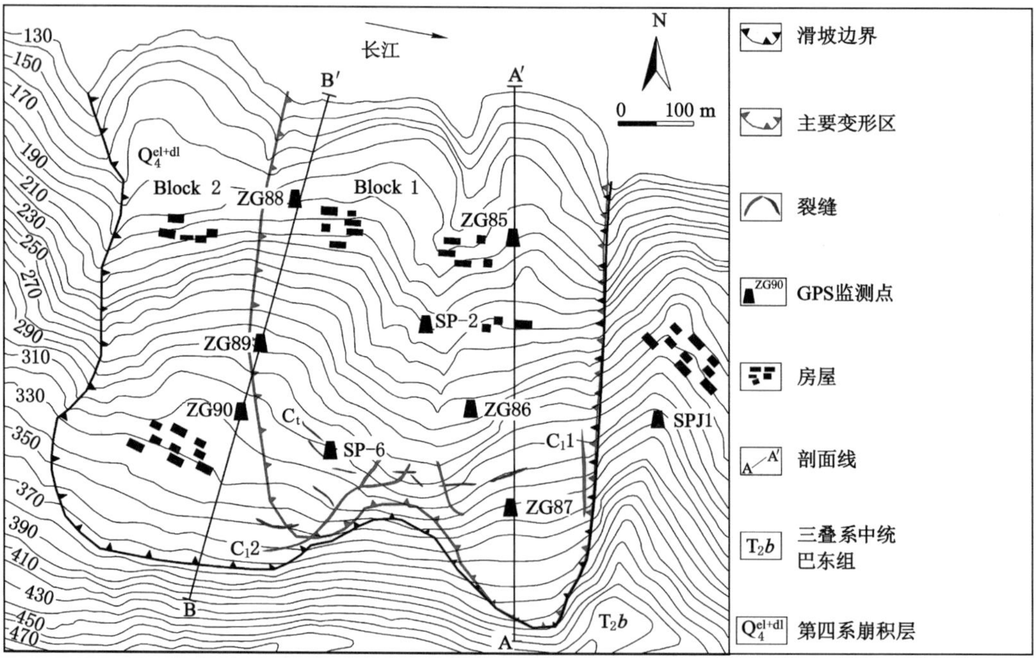

图 4-26 树坪滑坡工程地质平面图

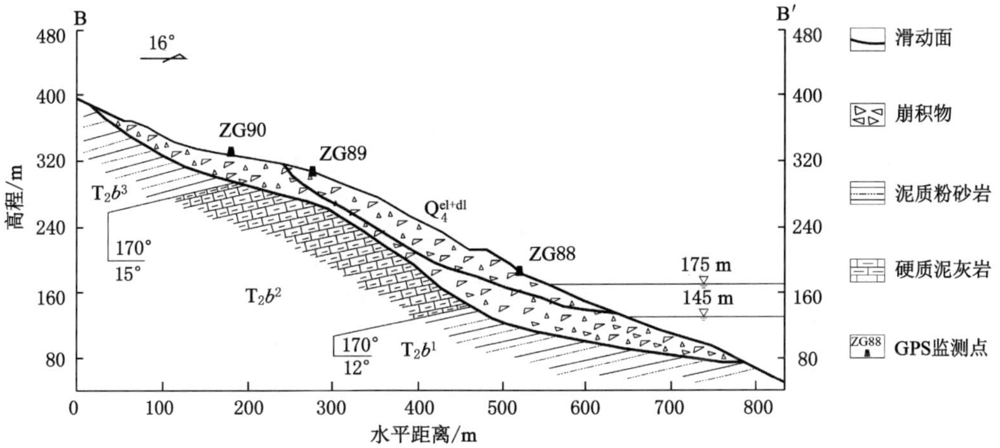

图 4-27　树坪滑坡 B—B′剖面图

（2）变形监测与分析

树坪滑坡自 2003 年三峡工程蓄水以来就多次发生滑动变形，特别是在每年雨量充沛的季节尤为明显。历史上发生有多次大规模的变形现象，分别为：① 2003 年 6 月—2004 年 2 月发生的大规模变形，滑坡位移累计量最大达 118.8 mm，滑坡变形由前缘地面局部坍塌转为地面裂缝和房屋开裂，滑坡前缘靠江地段出现浑水，并伴有地下异响情况出现。② 2007 年4 月开始，滑坡表面又出现多次位移量较大的宏观变形，如后缘公路开裂，出现 20～40 m 长的张裂缝，并伴随路面下沉。后又受 2008 年 8 月强降雨影响，后缘道路出现多次变形、沉降和地裂缝，并不断伴随小规模坍塌现象的发生。③ 伴随着 2009 年 4 月三峡水库水位的迅速下降，2009 年 5 月开始，树坪滑坡发生水库蓄水以来最大规模的变形，出现多级裂缝，如滑坡东侧后缘部分出现路面裂缝和地面下沉（图 4-28、图 4-29），一些裂缝不断剪切下沉直至滑坡边界的贯通。④ 2010—2013 年每年的 5 月至 8 月之间，主滑区内均有明显的宏观变形迹象，使得原有的滑坡裂缝不断延伸和下切的同时，还伴有新裂缝的发育，如 2010 年滑坡中后部出现的张拉裂缝（图 4-30）和 2011 年滑坡后缘右侧东部的剪切裂缝（图 4-31）（黄海峰等，2019）。

图 4-28　滑坡东侧后缘路面裂缝

（图片来源：《树坪滑坡专业监测年报汇编》）

图 4-29　滑坡东侧后缘地面下沉

（图片来源：《树坪滑坡专业监测年报汇编》）

图 4-30　滑坡中后部张拉裂缝

（图片来源：《树坪滑坡专业监测年报汇编》）

图 4-31　滑坡后缘右侧东部的剪切裂缝

（图片来源：《树坪滑坡专业监测年报汇编》）

树坪滑坡监测点由主要滑动变形区的 6 个 GPS 监测点和影响区的 2 个 GPS 监测点组成，具体布置位置如图 4-26 所示，其中主要滑动变形区内监测点 ZG85、ZG88、SP-6、ZG89 的位移监测数据与降雨量、库水位之间的关系如图 4-32 所示。由图 4-32 可以看出，每年的 4—9 月随着降雨量和库水位的升降，都伴随有滑坡位移变化的发生，三者有明显的相关关系。例如，2009 年 5—6 月，库水位下降速率达到当年最大值，约为 0.5～0.65 m/d，此时滑坡监测点变形速率也达到全年最大值，超过 12 mm/d。2012 年 5—6 月，伴随着库水位的下降和降雨量的增加，主要滑动变形区内的最大变形速率达到水库蓄水以来的最大值 36.40 mm/d。而在每年的 10 月到次年的 3 月，滑坡变形相对稳定，直到次年 4—9 月又发生一次较大的变形，这样反复作用下，树坪滑坡的变形呈现明显的阶跃型特点。

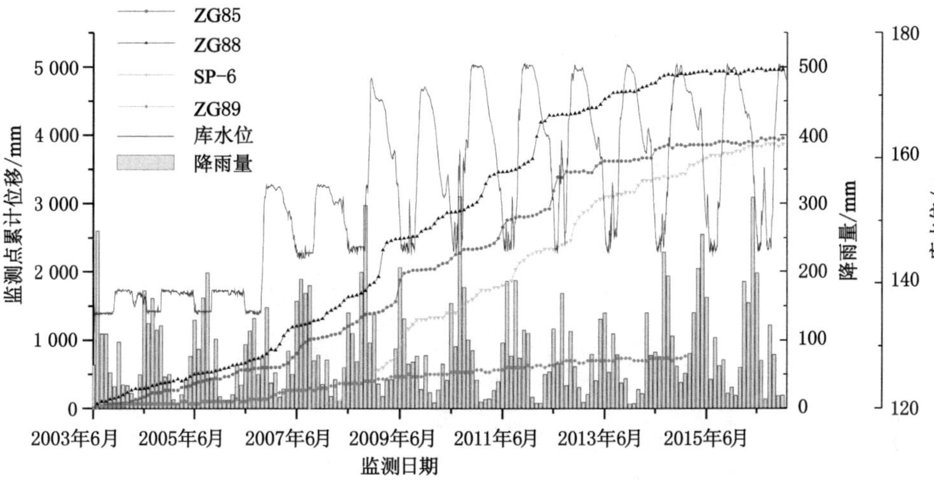

图 4-32　树坪滑坡监测点位移与降雨量、库水位的关系

（3）诱发因素分析

树坪滑坡所处地层为三叠系中统巴东组（T_2b），虽然分布较多岩质较坚硬的灰岩且斜坡结构为较稳定的逆向坡，但部分存在软弱泥岩和粉砂黏土岩层，呈现软硬岩相间分布的特点，在库水位和降雨量的变化影响下，坡体内部应力特征不断改变，使得软弱结构面不断发展延伸直至破坏，形成贯通的滑移面，发展成滑坡。因此树坪滑坡发生变形破坏的主要影响因素是外在的降雨量和库水位。

无论是 2009 年库水位首次从 175 m 下降到 145 m，滑坡发生较大的变形，还是 2012 年在库水位下降速度较快的 5 月，滑坡变形速率达到最大，都说明了库水位的下降会直接导致滑坡变形的发生，且库水位下降速率越大，滑坡的变形速率和变形量也越大，如 2009 年 6 月中旬库水位的平均下降速率达到 0.3 m/d，此时滑坡的变形速率为 11.45 mm/d，而 2012 年 6 月上旬库水位平均下降速率达 0.7 m/d 时滑坡的变形速率为 36.4 mm/d。而在每年的 10—11 月，随着库水位上升速度的不断加快，滑坡变形的速率却很小。这可能是由于滑坡前缘较薄，无法形成重心在前的阻滑段，随着库水位的下降，由于滑体物质中软弱岩层的弱透水性，地下水不能及时排出，形成向外的渗透力，加剧了滑坡的变形破坏；而当水库蓄水、地下水位上升时，也是由于滑体物质的弱透水性，水体产生向坡体内的渗透力，有利于坡体的稳定。此外，每年降雨会渗入滑坡体内，改变坡体内部的应力状态，增加自重，软化软弱带，由图 4-32 也可以看出，每次滑坡发生阶跃型变化的同时都伴随着强降雨的发生。因此，诱发树坪滑坡发生变形破坏的主要因素是库水位和降雨量，当两者共同作用时，滑坡的变形破坏更易加剧。

4.3.3　木鱼包滑坡

（1）工程地质概况

木鱼包滑坡位于湖北省宜昌市秭归县，是长江右岸的一个古滑坡（图 4-33），距离三峡大坝的直线距离约为 57 km。图 4-34 和图 4-35 分别为木鱼包滑坡的工程地质平面图和剖面图，滑坡表面上陡下缓，后缘薄前缘厚，为典型的靠椅形滑面滑坡，轴向长度约为 1 500 m、宽度约为 1 200 m，滑体平均厚度约为 50 m、表面积约为 2×10^6 m^2，体积约为 9×10^7 m^3，滑坡前缘的海拔高程为 100 m，低于水库蓄水水位 175 m，属于涉水滑坡，滑坡后缘海拔高程约为 520 m，主要滑动方向为北偏东约 20°。钻孔资料表明，木鱼包滑坡的滑带由平均厚度为 0.2 m 的软煤层构成，滑坡体物质主要由上部第四系沉积层和下部高扰动岩体两部分组成，下伏基岩层主要为侏罗系香溪组（J_1x）泥岩和砂岩，整体倾向为 25°，倾角为 27°。

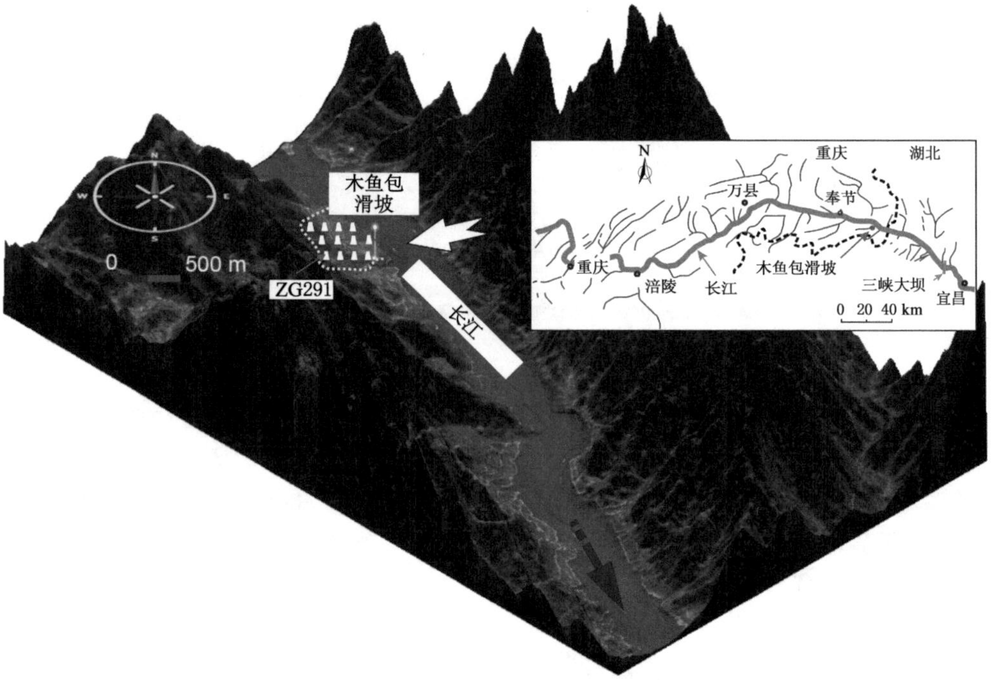

图 4-33　木鱼包滑坡地理位置图

（2）变形监测与分析

2006 年 9 月，木鱼包滑坡在三峡水库蓄水后恢复活动，其变形位移随着库水位和降雨量的变化而变化。滑坡表面布置有 12 个 GPS 监测点（图 4-34）以监测滑坡的变形移动，图 4-36 展示了 ZG291、ZG293、ZG299 和 ZG301 监测点滑坡位移与库水位、降雨量之间的相关关系。根据 2006 年 10 月至 2018 年 10 月近 12 年的监测数据，滑坡最大位移发生在监测点 ZG291 附近，累计位移达到 2 437.36 mm。从图 4-36 中可以看出，木鱼包滑坡的位移呈阶跃型特征，变形量较大的时间主要发生在 10 月至次年 3 月库水位由 175 m 降至 145 m 期间，滑坡平均月变形量达 20 mm 以上，而在每年的 4 月至 9 月，滑坡位移监测曲线较为平稳。2008 年库水位首次由 145 m 上升到 172 m，木鱼包滑坡发生最大位移，年位移达 220.48 mm，2009 年各监测点位移在 160～170 mm 之间，2011—2017 年各监测点位移在 75～150 mm 之间，说明木鱼包滑坡的变形破坏主要受库水位首次上升的影响，后期位移

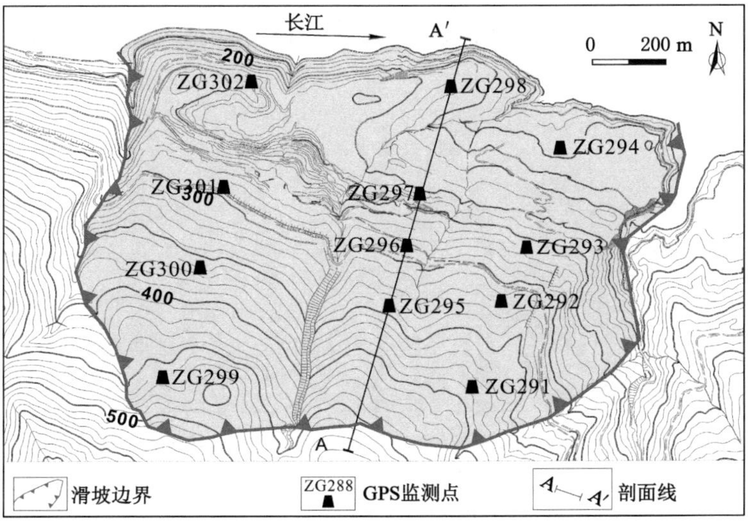

图 4-34　木鱼包滑坡平面图

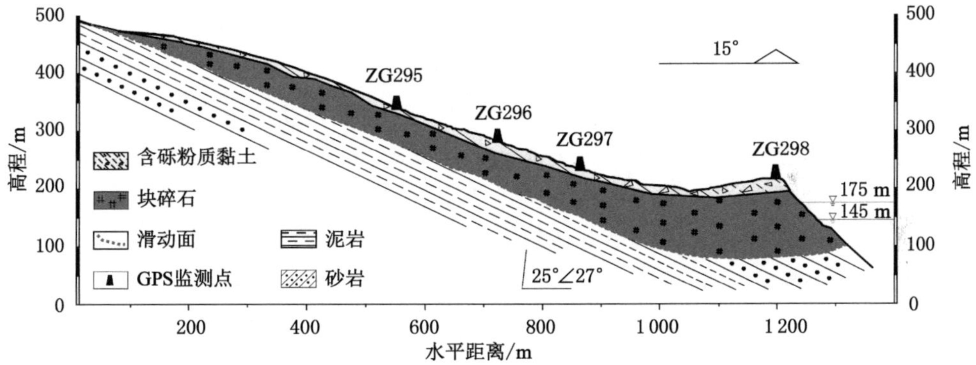

图 4-35　木鱼包滑坡 A—A′剖面图

呈减缓趋势。这主要是因为在库水位上升期间，滑坡浸入水中，水对滑坡前缘阻滑段产生较大的浮托力，降低了滑坡的抗滑力，使滑坡更易发生变形破坏；而在库水位下降期间，由于地下水渗流作用的影响，坡体内产生由内向外的动水压力，从而加剧坡体内的变形。

库水位首次由 145 m 上升到 172 m 之前，在 135～145 m 之间波动的时期，随着降雨量达到 2007 年的最大值，滑坡发生较大变形，多个监测点的位移均超过 20 mm，说明降雨量对滑坡的变形产生一定的影响。同样的情况也发生在 2008 年库水位首次由 145 m 上升至 172 m 之后。2015 年 4—7 月间，月降雨量分别为 102.7 mm、136.0 mm、192.5 mm 和 110.6 mm，监测点 ZG293 对应的位移分别为 6.90 mm、20.21 mm、26.31 mm 和 14.25 mm，说明随着降雨量的增加，滑坡位移也随之增加，但相比库水位影响所带来的滑坡位移的变化，降雨量对滑坡变形的影响相对弱一些。

(3) 诱发因素分析

由图 4-35 可以看出，木鱼包滑坡的岩层倾角和坡体倾角基本一致，属于顺层滑坡，滑带

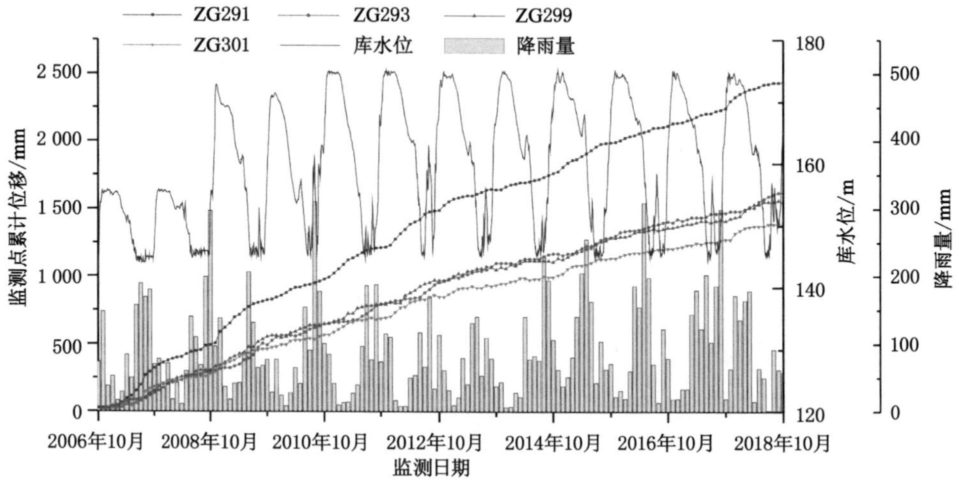

图 4-36　木鱼包滑坡监测点位移与降雨量、库水位的关系

又沿着软岩层，在结构上更容易滑动。滑坡整体表现为上陡下缓，上部滑体由于重力等原因对整体产生一定的下滑推力，虽然滑坡前缘较为平缓，甚至部分地方反倾，产生了一定的阻滑效果，但由于长期位于水位以下，尤其在库水位上升阶段，受到较大的浮托力作用，抗滑力大幅度下降，滑坡体更容易发生变形破坏。

在近 12 年的监测数据中，虽然变形量较大的时间主要发生在每年 11 月至次年 3 月期间，并在库水位首次上升期间达到最大变形量，但在 2008 年之前库水位在 145～155 m 之间波动阶段，变形量最大的点发生在 6 月至 9 月，月位移为 19.7～75.07 mm，这阶段的降雨量是一年之中最大的，说明降雨量对滑坡的变形存在一定的影响，而在 2008 年之后，最大变形量发生在 11 月至次年 3 月库水位下降阶段，在 6 月至 9 月降雨量大的期间的位移小于库水位下降阶段的位移，说明降雨量的影响小于库水位变化带来的影响。库水位是木鱼包滑坡变形的主要诱发因素，而降雨起到了促进作用。

第 5 章　水库滑坡位移速率预测决策树模型

5.1　决策树算法

5.1.1　决策树

决策树模型是一种用于分类和回归分析的机器学习算法。它是一种基于树状结构的模型，其中每个内部节点表示一个特征或属性，每个叶节点表示一个类别或输出值。决策树通过对输入数据集进行逐步的分割，以创建一个树状的决策路径，最终用于预测新的输入数据。

决策树的构建过程通常基于以下原则：选择最能有效地将数据集分割为纯净子集的特征，直到满足某个停止条件（如达到最大树深度或无法进一步提升纯度）。纯净子集是指具有相同类别或相似输出值的子集。

在分类问题中，决策树可以用于预测离散的类别标签；在回归问题中，决策树可以预测连续的输出值。

决策树分类模型建立分为两个步骤（图 5-1）：① 决策树模型训练。根据指定的训练数据集，找到合适的决策树模型。② 决策树模型预测。使用训练的决策树模型，对数据集中的每一类数据进行描述，形成分类规则，进而对未知类别数据集进行预测。

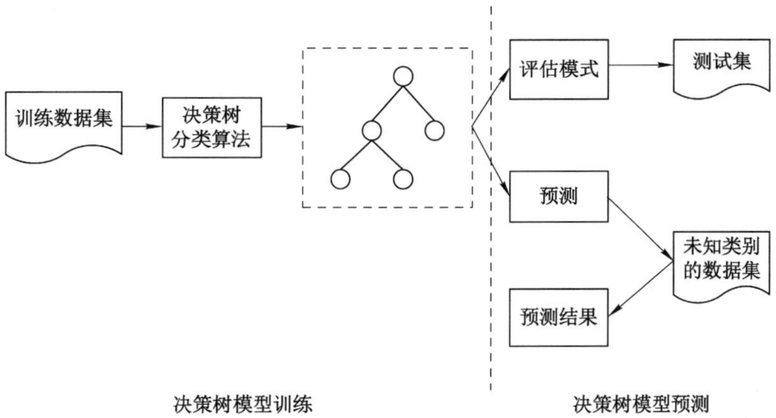

图 5-1　决策树分类模型建立

决策树算法的目的是通过数据学习获得输入变量和输出变量不同取值下的数据分类和预测规律，并用于对新数据对象的分类取值。决策树得名于其分析结论的展示方式（类似一棵倒置的树)，如图 5-2 所示。决策树以树状结构的形式，可将到达每个叶节点的路径转化为 if→then 形式的规则，易于理解。图 5-2 中，最顶端节点称为根节点，最底端节点称为叶节点，中间节点称为内部节点，位于同一层的节点称为兄弟节点。决策树的根节点是所有数据样本中信息量最大的属性，叶节点是样本数据的类别值。决策树的几何意义为：每一个训练样本可以看成 n 维(n 个输入变量)空间上的一个点，决策树的每个分枝在一定规则下完成对 n 维空间的区域划分。图 5-2 是二维空间划分和相应的决策树。

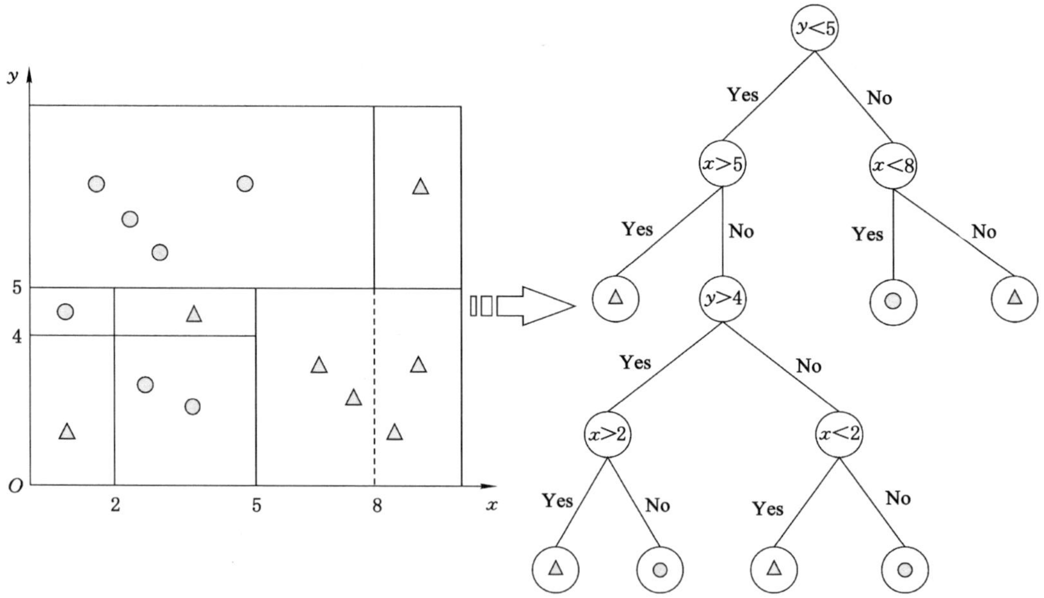

图 5-2　二维空间划分和相应的决策树(据薛薇等，2010)

(2) 决策树生长

决策树生长的本质是对输入训练样本的反复分组过程。决策树的生长过程如图 5-3 所示。根据一定的根节点分枝标准长出第一层枝；在某枝中重新确定分枝标准，长出下一层枝；重复上述决策树的分枝准则和枝节点的生长过程；当某组数据的分组不再有意义时，对应的分枝便不再生长；当所有的数据组的继续分组不再有意义时，决策树生长完成。

图 5-3 中差异减小显著是指分组样本中输出变量取值的差异性随着决策树的生长而显著减小。有效的决策树分组应当是枝中样本的输出变量取值尽快趋同，差异迅速减小。不同的决策树算法采用不同的分枝准则，常用的分枝准则有信息增益率、基尼指数、距离度量等。下面将主要针对本书采用的决策树 C5.0 算法展开描述。

5.1.2　决策树 C5.0 算法

决策树 C5.0 算法是在决策树 C4.5 算法的基础上发展起来的。决策树 C5.0 算法利用信息增益率作为样本的分枝准则。该算法的具体实现过程如下(陆安生等，2005)。

设 T 为数据集，类别集合为 $\{C_1, C_2, \cdots, C_k\}$，选择一个属性 V 把数据集 T 划分为多个子集。设 V 有互不重合的 n 个取值 $\{v_1, v_2, \cdots, v_n\}$，则数据集 T 划分为 n 个子集 $T_1, T_2, \cdots, T_n$，这里 T_i 中的所有实例取值均为 v_i。

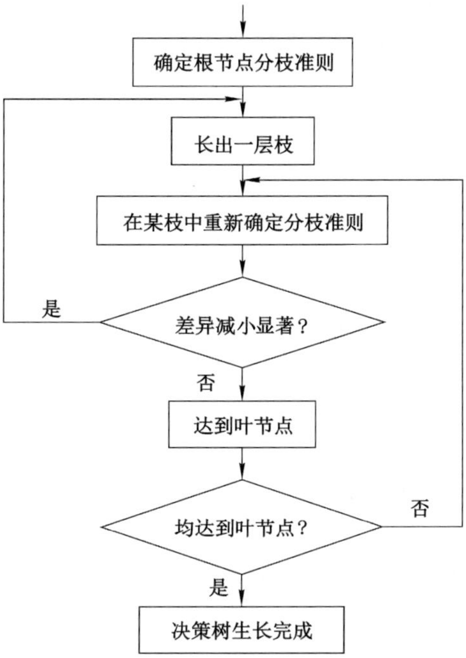

图5-3　决策树生长过程示意(据薛薇等,2010)

令$|T|$为数据集T的例子数,$|T_i|$为$v=v_i$的例子数,$\mathrm{freq}(C_j,T)$为C_j类的例子数,$|C_{jv}|$是$v=v_i$中具有C_j类别的例子数。则有:

类别C_j的发生概率:$P(C_j)=\mathrm{freq}(C_j,T)/|T|$;

属性$v=v_i$的发生概率:$P(v_i)=|T_i|/|T|$;

属性$v=v_i$的例子中,具有类别C_j的条件概率:$P(C_j|v_i)=|C_{jv}|/|T|$。

类别的信息熵E为:

$$E(T)=-\sum_{j=1}^{k}\frac{\mathrm{freq}(C_j,T)}{|T|}\times\log_2^{\frac{\mathrm{freq}(C_j,T)}{|T|}} \tag{5-1}$$

按照属性V把数据集T分割,分割后的类别条件熵定义为:

$$E_V(T)=\sum_{i=1}^{n}\frac{|T_i|}{|T|}\times\mathrm{Info}(T_i) \tag{5-2}$$

信息增益定义为:

$$\mathrm{gain}(V)=E(T)-E_V(T) \tag{5-3}$$

信息增益率定义为:

$$\mathrm{gain\ ratio}(V)=\frac{\mathrm{gain}(V)}{\mathrm{split\ info}(V)} \tag{5-4}$$

式中,

$$\mathrm{split\ info}(V)=-\sum_{i=1}^{n}\frac{|T_i|}{|T|}\times\log_2\left(\frac{|T_i|}{|T|}\right) \tag{5-5}$$

决策树C5.0算法采用最大信息增益率作为属性选择和样本分枝准则,相对经典决策树算法ID3采用的信息增益分枝准则,信息增益率不仅可以考虑信息增益的大小程度,还兼顾考虑为了获得信息增益所付出的“代价”(薛薇等,2010)。若输入变量 V 有较多的分类值,则它的信息熵会偏大,而信息增益率会因此降低,进而消除了类别数目所带来的影响。

5.2 聚类分析及两步聚类法

5.2.1 聚类分析原理

聚类分析根据“物以类聚”的原理,按照一定的准则(通常采用聚类准则),将事务聚集成类,使不同类之间的对象差别尽可能大,相同类之间的相似性尽可能大。简单地说,聚类的结果使得同一类别的数据尽可能聚集在一起。聚类算法属于“无先验知识”算法,即在没有事先指定分组标准的前提下,根据数据的相似性和差异性,按照数据的亲疏程度进行自动分组。

常用的聚类算法有 k 均值聚类、两步聚类法和 Kohonen 网络聚类等算法。下面主要介绍两步聚类算法。

5.2.2 两步聚类算法

众多的聚类算法中,两步聚类算法应用较为广泛。该算法是 Chiu 等(2001)于 2001 年在传统 BIRCH 算法的基础上提出的一种改进型算法。该算法能够处理大规模的数据,有效地克服了 k 均值聚类算法的缺点。两步聚类算法主要特点有:① 既能够处理数值型变量又能够处理分类型变量;② 能够根据一定的准则自动确定聚类数目;③ 能够诊断样本中的离群点和噪声数据(薛薇等,2010)。

两步聚类算法通过预聚类和聚类两个子步骤实现数据的聚类过程,其聚类过程详见图 5-4。

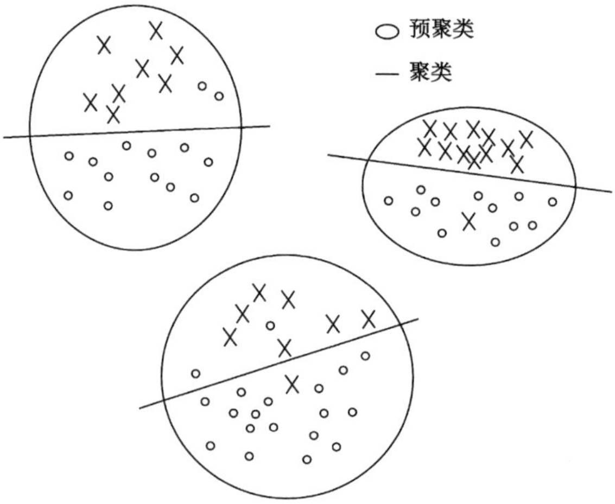

图 5-4 两步聚类算法过程

预聚类采用“贯序”方式将样本粗略划分成若干子类。开始阶段样本所有数据被视为一个大类,读入一个样本数据之后,根据“亲疏程度”决定读入的样本数据合并入已有子类中，还是派生出一个新类。此步骤反复进行，最终样本数据被划分成 L 类。可见，预聚类过程中聚类的数目不断增加。聚类过程在预聚类的基础上，同样根据样本的“亲疏程度”判断预聚类中产生的子类能否合并，最终样本数据被划分成 L' 类。聚类过程中，聚类的数目不断减少。

两步聚类算法涉及两方面的内容：① 样本数据之间亲疏程度的判断；② 预聚类和聚类的具体实现方式。

与传统聚类算法类似，两步聚类算法同样采用距离判断样本或者类之间“亲疏程度”，根据样本之间的距离标准确定类的派生和合并。对于数值型变量，通常采用欧式距离，如果样本数据既包含数值型变量又包含分类型变量，则采用对数似然（Log-likelihood）距离。

对数似然距离定义如下：设有 k 个聚类变量 $x_1, x_2, \cdots, x_k$，其中包括 k^A 个数值型聚类变量和 k^B 个分类型聚类变量。且数值型变量满足正态分布，分类型变量服从联合正态分布。若聚成 j 类，对数似然函数定义为：

$$l = \sum_{j=1}^{J} \sum_{i \in I_j} \log p(X_i | \theta_j) = \sum_{j=1}^{J} l_j \tag{5-6}$$

式中，p 为似然函数；I_j 为第 j 类的样本集合；θ_j 是第 j 类的参数向量。针对全部样本，其对数似然聚类是各类对数似然聚类之和。同理，针对一个由 M 个子类组成的类，其对数似然距离等于 M 个子类的对数似然距离之和。

对于存在的第 i 类和第 j 类，两者合并后的类记为 $<i,j>$，则它们的距离定义为两类合并之前的对数似然距离与合并后的对数似然距离的差。即

$$d < i,j > = \xi_i + \xi_j - \xi_{<i,j>} \tag{5-7}$$

其中，ξ 为对数似然函数的具体形式，定义为：

$$\xi_v = - N_v \left[\sum_{k=1}^{k^A} \frac{1}{2} \log(\hat{\sigma}_k^2 + \hat{\sigma}_{vk}^2) + \sum_{k=1}^{K^B} \hat{E}_{vk} \right] \tag{5-8}$$

其中

$$\hat{E}_{vk} = - \sum_{l=1}^{L_k} \frac{N_{vkl}}{N_v} \log \frac{N_{vkl}}{N_v} \tag{5-9}$$

式中，k^A 为数值型变量的个数；k^B 为分类型变量的个数；$\hat{\sigma}_k^2$ 和 $\hat{\sigma}_{vk}^2$ 分别为第 k 个数值型变量的总方差和在第 v 类中的方差；N_v 和 N_{vkl} 分别为第 v 类的样本量和在第 v 类中第 k 个分类型变量取第 l 个类别的样本量；L_k 为第 k 个分类型变量的类别。

当第 i 类和第 j 类合并后，$-\xi_{<i,j>}$ 大于 $\xi_i + \xi_j$，因此 $d<i,j>$ 大于 0。$d<i,j>$ 越小，说明第 i 类和第 j 类合并将不会引起类内部的差异性显著增加。当 $d<i,j>$ 小于阈值 C 时，第 i 类和第 j 类可以合并；当 $d<i,j>$ 大于阈值 C 时，说明合并将会引起聚类簇内部的差异性显著增加，第 i 类和第 j 类不能合并（薛薇等，2010；李健，2013）。

阈值 C 可由式（5-10）计算。

$$C = \prod_k R_k \prod_m L_m \tag{5-10}$$

式中，R_k 为第 k 个数值型变量的取值范围；L_m 为第 m 个分类型变量样本量。

5.3 水库滑坡位移速率预测决策树模型

水库滑坡位移速率预测决策树模型主要包括数据采集、数据预处理、变形演化定性化和决策树建立 4 个步骤(图 5-5)。

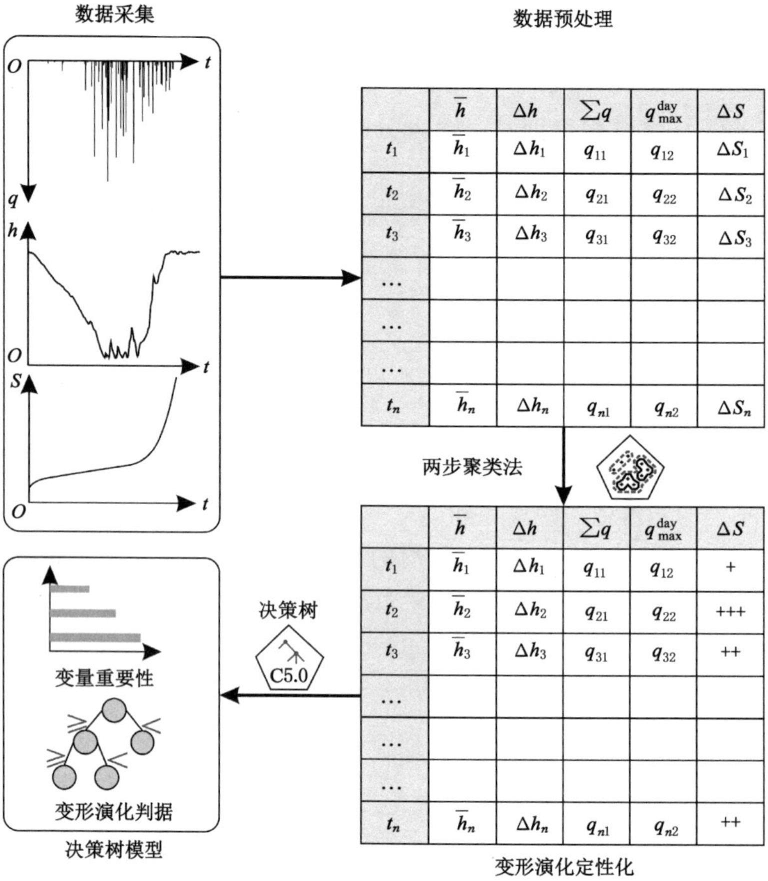

图 5-5　滑坡变形演化阈值数据挖掘流程图

① 数据采集。数据采集是指利用野外布设的监测网,采集滑坡的外部扰动荷载和滑坡的响应。本书所选取的外部扰动荷载参数主要有降雨量和库水位指标。

② 数据预处理。数据预处理操作主要有数据重采样、噪声消除、异常值剔除、滤波以及缺失数据的处理等。为了提高数据挖掘模型的精度,通常需要对监测数据进行异常数据的定位和剔除、滤波消除噪声(随机误差)和建模数据的采集等操作。

滤波的目的是把有用的信号从噪声中提取出来。一般待分析的监测数据由确定信号和随机噪声组成,只有设法降低噪声成分,才能显现出确定信号并探讨其中的内在规律。常用的滤波方法有修匀法、傅立叶分析、中指滤波、卷积滤波等。

建模数据的采样包括采样监测的确定和监测数据等间隔化处理。由于各数据监测周期的差异,原始监测数据往往需要进行重采样处理。以常用的降雨量数据、库水位监测数据和坡面位移监测数据为例。各基层气象单位往往具有以天为单位的详尽的降雨量数据，中国长江三峡集团有限公司也提供了以天为单位的三峡库区详尽的库水位监测数据。而坡面位移监测数据通常以周和月为监测周期。因此通常需要将原始数据按照周或者月重采样。

③ 变形演化定性化。由前述决策树 C5.0 算法的基础知识可知，决策树建立时，输出项需要为类别变量。而滑坡监测数据往往为数值变量，因此需要将数值型的坡面位移转化为类别变量。本研究采用两步聚类算法将数值型的滑坡变量转化为类别变量。根据变形速率对各聚类簇分别赋值。

④ 决策树建立过程包括建立模型、评估模型和实施模型阶段。

建立模型：设定滑坡变形演化状态为输出项，外部水文诱发因子为输入项，建立决策树模型。通常将样本数据分成训练样本和测试样本。通过训练样本的输入，反复训练决策树模型。通过测试样本对生成的决策树模型进行精度评价。生成的决策树模型可以用于对新数据对象的分类预测。

评估模型：根据数据挖掘模型评价标准并结合现阶段滑坡研究领域相关知识，对生成的决策树模型进行评价。所生成的决策树模型应该具有较高的准确性，并且不与现阶段的经验和知识相抵触。

实施模型：生成输入变量和输出变量的分类和预测规律，生成推理规则集。

生成的决策树模型能够根据新数据输入变量的取值，推断其输出变量分类取值，以及建立滑坡变形演化同外部诱发因素之间的规则判据，实现基于外部诱发因素的滑坡状态判识。

推理规则集是决策树的逻辑比较文字表达形式，表达了输入变量取值及不同输入变量之间的逻辑与（并且）、逻辑或（或者）关系与输出变量取值的内在联系，逻辑规则的一般表示形式为“if ＜条件＞then ＜结论＞”。

5.4　阶跃型滑坡位移速率决策树模型实例分析

5.4.1　朱家店滑坡

（1）滑坡基本特征

朱家店滑坡位于巴东县东瀼口镇东瀼口村长江左岸。朱家店滑坡平面形态呈长条形，后缘呈圈椅状，总体呈上窄下宽，滑坡坡面形态详见图 5-6 和图 5-7。

朱家店滑坡纵向长为 423 m，宽为 60～125 m，平均厚度约 25 m，面积为 4.02×10^4 m^2，体积约为 1×10^6 m^3。滑坡后缘壁因后期改造已不明显，呈一陡坡状地形，下错 2～3 m；滑体两侧以冲沟为界，沟形一直延伸至滑坡后缘，冲沟横断面呈“V”形，宽 1～4 m，切深 1～5 m 不等；前缘部分滑体已被库水淹没。滑坡坡向 215°，前缘高程 145 m，后缘高程 350 m，坡高 200 m，平均坡度 35°，为逆向坡。滑坡两侧发育深切冲沟（图 5-7），左侧切深约 3～5 m，右侧切深约 2～3 m。

滑坡体第四系覆盖厚度明显大于冲沟两侧，剖面形态呈凸形（图 5-7）。坡体表面有较大规模人为改造，前缘巴秭公路位于高程 270.3 m 处，横穿坡体。地貌单元主要表现为构造剥蚀、

图 5-6　朱家店滑坡全景

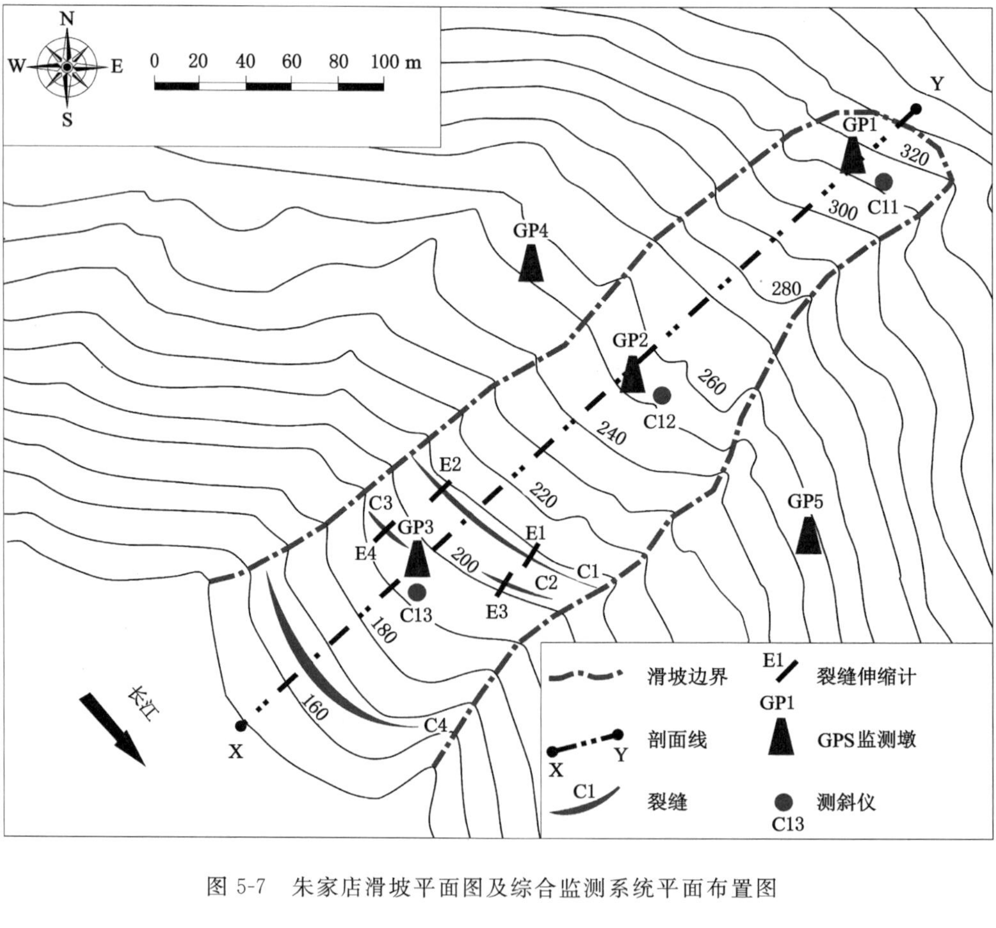

图 5-7　朱家店滑坡平面图及综合监测系统平面布置图

侵蚀中低山，主要出露地层为三叠系巴东组紫红色砂岩、泥岩，其岩性质地较软弱，抗风化能力差，形成区内高程800～1 000 m的中低山地形，地貌特征多以单面山为主。由于风化较为剧烈，在斜坡和山麓地带大量堆积残坡积土等松散堆积物而形成各类复合斜坡。

朱家店滑坡的滑体上层物质主要为崩坡积土(图5-8)，灰黄色，粉质黏土夹碎块石，结构松散，厚度一般为5～10 m，滑坡边界处厚度较小，约为0.1～1 m，碎块石成分主要为石英砂岩、泥质粉砂岩，块径一般为0.2～2.0 m。

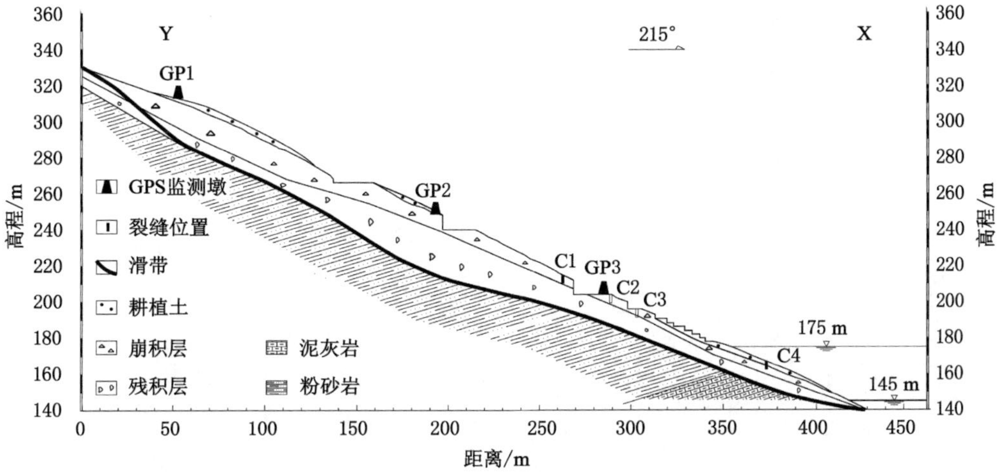

图5-8 朱家店滑坡X—Y剖面图

滑体下层物质主要为残坡积土(图5-8)，紫红色，粉质黏土夹碎块石，结构松散，厚度一般为10～15 m，碎块石成分主要为泥质粉砂岩，块径一般为0.1～0.5 m，个别大于0.5 m。

依据钻孔资料，朱家店滑坡滑带物质成分主要为含砾粉质黏土，紫红色，湿，稍密，可塑-硬塑，黏土为主，含少量圆砾，粒径小于1 cm，呈次棱角状或浑圆状，成分为石英砂岩、泥质砂岩，土石比为9∶1。

朱家店滑坡滑床为巴东组四段(T_2b^4)紫红色泥质粉砂岩，薄-中厚至厚层构造，为单斜岩层，产状为20°∠16°，为软质岩，易风化，遇水易软化。岩体发育两组结构面，产状分别为SW210°∠76°，NW295°∠80°，节理间距为10～50 cm，密集处可达3～5 cm。

(2) 滑坡综合监测系统

朱家店滑坡现场监测系统由GPS监测墩、钻孔测斜仪和裂缝伸长计组成。GPS监测墩用于监测滑坡的地面变形。朱家店滑坡坡面共布设5个GPS监测墩，监测墩GP1至GP3沿滑坡主滑方向布置，监测滑坡主滑方向的变形。监测墩GP1至GP3分别位于高程310 m、250 m和190 m处。监测墩GP4和GP5布设于滑坡变形区域以外，作为监测基准点。钻孔测斜仪主要用于监测滑坡的深部位移。测斜仪C11至C13同样沿主滑方向布置，分别布设于高程310 m、250 m和190 m处。裂缝伸长计主要监测滑坡地面裂缝的变形。朱家店滑坡坡面共布设4个裂缝伸长计，伸长计E1和E2主要用于监测裂缝C1的变形，伸长计E3和E4主要用于监测裂缝C2和C3的变形。各监测仪器的空间位置详见图5-7和图5-8。

(3) 滑坡宏观变形迹象

朱家店滑坡变形主要发生于滑坡前缘高程175～210 m一带，致使前缘发生小型坍滑，坡面出现较大裂缝，裂缝走向与滑坡主滑方向基本垂直，与长江走向近乎平行。经过现场调查，滑坡区内共发育较大裂缝 4 条，分别命名为 C1，C2，C3，C4。各裂缝的空间分布位置见图 5-7 和图 5-8。

前缘 170 m 高程左右裂缝 C4 产生时间较早，裂缝走向为 120°，基本与滑坡主滑方向垂直，下错 0.5 m 左右，裂缝的形态详见图 5-9(a)。高程 190 m 左右裂缝产生时间为 2010 年 3 月，宽约 10～30 mm，走向为 110°左右，由于错动较大，测斜孔 5.5 m 以下无法测量数据，裂缝的形态详见图 5-9(b)。高程 200 m 的张拉裂缝产生时间为 2011 年 5 月，裂缝走向为 40°，延展长约 150 m，缝宽 10～65 mm，可见深度约 700 mm，错距 70 mm，已横向贯通滑坡东西两侧，裂缝的形态详见图 5-9(c)。高程 210 m 的两条张拉裂缝产生时间为 2011 年 6 月，裂缝总体走向为 45°，延展长约 30 m，缝宽约 30～60 mm，可见深度 300 mm，错距 50 mm，裂缝的形态详见图 5-9(d)。

(a) 170 m高程裂缝(C4)

(b) 190 m高程裂缝(C3)

(c) 200 m高程裂缝(C2)

(d) 210 m高程裂缝(C1)

图 5-9　朱家店滑坡地面变形裂缝

可以看出，自开展监测以来，随着时间推移，裂缝逐渐向滑坡后部发展，滑坡变形具有明显的渐进后退牵引式特点。

(4) 滑坡坡面位移特征

坡面 GPS 监测成果(图 5-10)显示，滑坡后缘监测墩 GP1 水平位移 4.6 mm，滑坡中部监测墩 GP2 水平位移 3.3 mm，滑坡前缘监测墩 GP3 水平位移达到 261.1 mm。自 2007 年 3 月初次监测至 2023 年 5 月三个监测墩的累计水平位移分别为 4.7 mm、5.6 mm、527.9 mm。滑坡前缘监测墩 GP3 监测点(高程 190 m)2011 年度位移最明显，1—12 月位移速率

21.76 mm/月，其中 2011 年 6 月的位移达 223.8 mm，位移方向(225°)与主滑方向(215°)基本一致，此后该监测墩由于变形太大而失效破坏。监测结果显示，2011 年度和 2012 年度朱家店滑坡中前部变形体(高程 175～220 m)位移较大，而滑坡中后部变形量较小，这也反映出滑坡变形为前部先启动的牵引式模式。

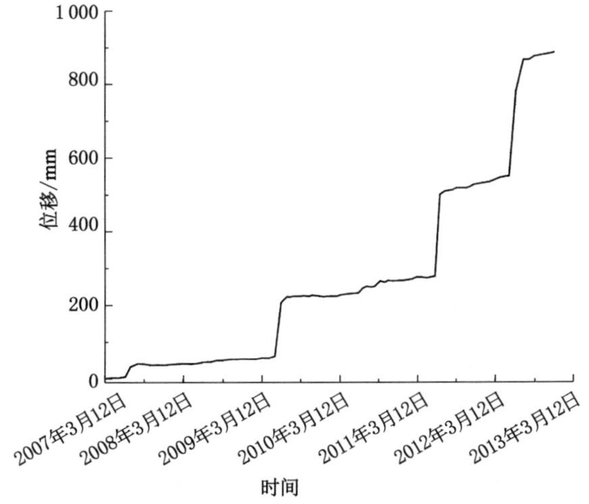

图 5-10　朱家店滑坡位移监测成果

研究区域降雨量、库水位和 GPS 监测水平位移定性对比曲线如图 5-11 所示。降雨量选取距离研究区域较近的巴东县气象局的监测资料。由图 5-11 可以看出：

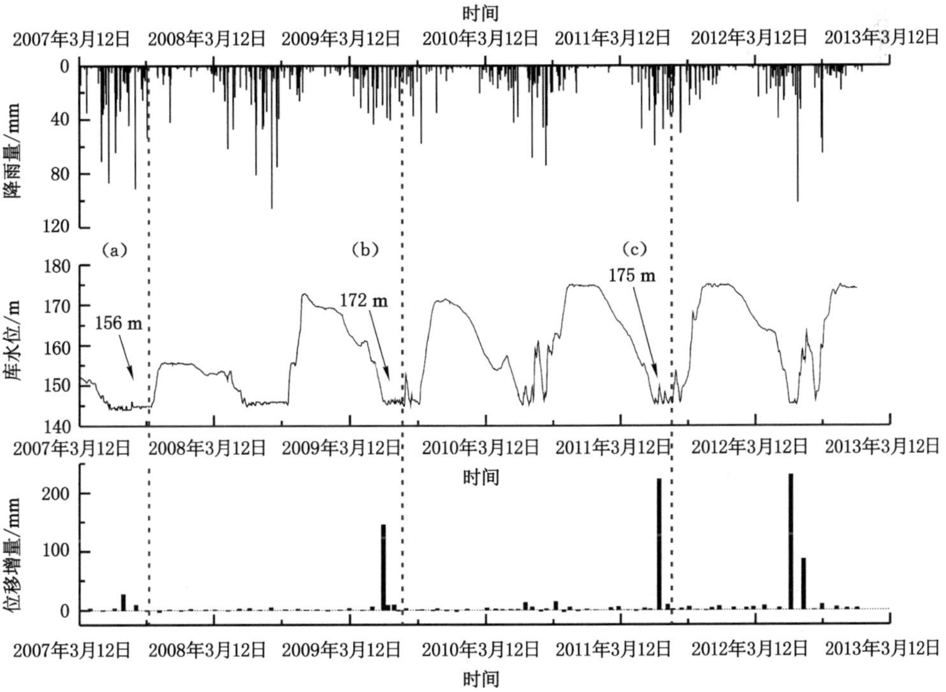

图 5-11　朱家店滑坡降雨量-库水位-位移增量时间曲线

① 滑坡区域遭遇强降雨过程，滑坡区域多年平均降雨量大于 1 000 mm(He 等，2008)。统计资料显示，研究区域最大年降雨量为 1 522.4 mm(1954 年)，最小年降雨量为 694.8 mm(1966 年)；降雨连续集中，每年 4—9 月降雨量占全年降雨量的 71.8%；雨季多大暴雨或连续性降雨，时最大降雨量达 75.2 mm(1991 年 8 月 6 日)；日最大降雨量达 193.3 mm(1962 年 7 月 15 日)；周最大降雨量达 237.5 mm(1991 年 8 月 7—14 日)。

② 坡面监测点受降雨和库水位波动的周期性作用呈阶跃型。随着三峡水库正常蓄水，水位在 145～175 m 间不断波动，从 2007 年至 2012 年年底，滑坡前部地表位移逐年增大，且呈台阶状增大，位移增大时间和库水位下降时间基本一致，在水位稳定期间，位移增长缓慢，在累计位移曲线上呈平台状。这主要是因为水位自 175 m 降至 145 m 时，后缘地下水浸润线下降速率较库水位下降速率慢，地下水浸润线变陡，水力梯度变大导致动水压力增加，从而增加了下滑力；滑坡前缘长期处于库水的变动侵蚀作用下，造成滑体及滑带土体的强度下降，且水位下降后，滑坡前缘坡外静水压力降低，减小了滑坡阻滑段的抗滑力，对滑坡的变形起到了促进作用。上述各种因素叠加后，滑坡前缘稳定性降低，变形继续向后缘发展，从而使滑坡横向张性裂隙发育，前缘表面呈陡坎状。

5.4.2 朱家店滑坡位移速率决策树模型

基于两步聚类和决策树算法，建立朱家店滑坡位移速率决策树模型。主要流程包括数据采集、数据预处理、变形演化定性化和决策树模型建立。选取的因子主要有月度累计降雨量、日降雨量月度最大值、月度平均库水位、月度库水位波动速率和坡面监测点月度位移速率。此处选择坡面监测墩 GP3 的位移监测数据(图 5-12)。由于各监测数据及监测周期的差异，因此通过重采样，转化为月度数据。

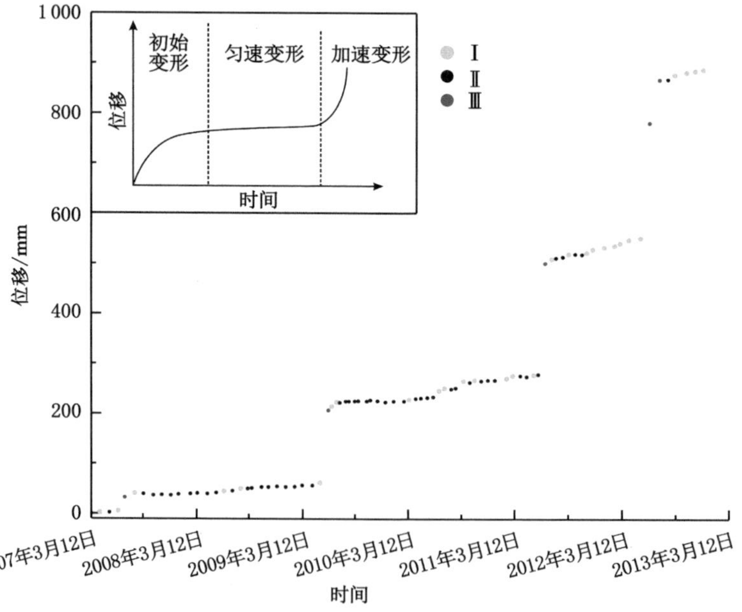

图 5-12　朱家店滑坡坡面监测墩 GP3 变形状态

（Ⅰ，Ⅱ，Ⅲ分别表示坡面监测点变形起始阶段、变形稳定阶段、变形加速阶段）

由图5-12可以看出，时序曲线的阶跃阶段，滑坡变形从无到有，该阶段曲线的斜率较大，而后，曲线的斜率逐渐减小；而时序曲线的稳定阶段，变形较小或者停滞。此处采用两步聚类法将阶跃型滑坡的变形演化划分为三个阶段(表5-1)。变形的三阶段为初始变形阶段、等速变形阶段和加速变形阶段，如图5-12中Ⅰ、Ⅱ、Ⅲ所示。

表5-1 朱家店滑坡月位移速率量化成果

月位移速率/(mm/d)	定性化值
(0.12,0.54)	Ⅰ
(−0.09,0.09)	Ⅱ
(1.17,7.41)	Ⅲ

注：Ⅰ，Ⅱ，Ⅲ分别表示坡面监测点初始变形阶段、等速变形阶段、加速变形阶段。

坡面监测点变形速率聚类结果详见表5-1。由表中的聚类结果可知，聚类集合初始变形阶段(Ⅰ)表示坡面监测点以0.12～0.54 mm/d的速率变形，该聚类占全体数据集的33.3%。聚类集合等速变形阶段(Ⅱ)表示坡面监测点以−0.09～0.09 mm/d的速率变形，该聚类占全体数据集的59.5%。聚类集合加速变形阶段(Ⅲ)表示坡面监测点以1.17～7.41 mm/d的速率变形，该聚类仅占全体数据集的7.2%。

采用决策树C5.0算法，设定水文诱发因子(月度累计降雨量，日降雨量月度最大值，月度平均库水位，月度库水位波动速率)为输入项，坡面监测点月度位移速率为输出项；设定全体数据集的80%为训练样本，剩余的20%作为测试样本，建立坡面监测点与各诱发因子之间多场信息阈值判据。

共建立朱家店滑坡变形演化阈值判据7条，详见表5-2。建立的阈值判据精度详见表5-3。由表5-3的精度评价可知，所建立的多场信息阈值判据对于测试样本精度高达82.61%，建立的变形演化判据精度较高，可以用于滑坡的变形演化状态判识。

表5-2 朱家店滑坡变形演化阈值判据

预测结果(滑坡变形)	编号	判据	精度/%	备注
Ⅰ	1	if $-7.06 < \Delta h \leqslant -3.98$ & $85.5 < \sum q^{\text{month}} < 144.3$ then $v =$ Ⅰ	100(2/2)	极高
	2	if $\Delta h > -3.98$ & $85.5 < \sum q^{\text{month}} < 96$ then $v =$ Ⅰ	100(2/2)	极高
	3	if $\Delta h > -7.06$ & $\sum q^{\text{month}} > 144.3$ & $\bar{h} > 155.23$ then $v =$ Ⅰ	100(2/2)	极高

表 5-2(续)

预测结果（滑坡变形）	编号	判据	精度/%	备注
Ⅱ	4	if $\sum q^{\text{month}} \leqslant 85.5$ then $v = \text{Ⅱ}$	70.2(40/57)	高
	5	if $\Delta h > -3.98$ & $96 < \sum q^{\text{month}} \leqslant 144.3$ then $v = \text{Ⅱ}$	87.5(7/8)	高
Ⅲ	6	if $\Delta h > -7.06$ & $\sum q^{\text{month}} > 85.5$ then $v = \text{Ⅲ}$	100(2/2)	极高
	7	if $\Delta h > -7.06$ & $\sum q^{\text{month}} > 144.3$ & $\bar{h} \leqslant 155.23$ then $v = \text{Ⅲ}$	50.0(4/8)	低

表 5-3 朱家店滑坡变形演化阈值判据精度

	训练样本	百分比/%	测试样本	百分比/%
正确	42	68.85	19	82.61
错误	19	31.15	4	17.39
合计	61	100	23	100

共生成坡面监测点初始变形阶段多场信息阈值判据 3 条，等速变形阶段多场信息阈值判据 2 条，加速变形阶段多场信息阈值判据 2 条。生成的演化阈值判据以“if-then”的形式表述。判据 1—3 为坡面监测点处于变形初始阶段的判据。判据 1 可以解读为：当库水位以 −7.06～−3.98 m/月的速率波动，滑坡区域遭受强度为 85.8～144.3 mm 的累计降雨量时，坡面监测点进入初始变形阶段。该判据的内涵为当库水位以 3.98～7.06 m/月的速率下降，坡体遭受强度为 85.8～144.3 mm 的累计降雨量时，坡面监测点进入初始变形阶段。该判据的精度高达 100%。判据 2 可以解读为：当库水位以大于 −3.98 m/月的速率波动，滑坡区域遭受强度为 85.5～96 mm 的累计降雨量时，坡面监测点进入初始变形阶段。该判据的预测精度极高，高达 100%。判据 3 可以解读为：当高位库水位(大于 155.23 m)以大于 −7.06 m/月的速率波动，坡体遭受累计强度大于 144.3 mm 的降雨量时，坡面监测点进入初始变形阶段。该判据的精度同样极高，达到 100%。一般认为降雨量增大时，会引起坡体的快速变形。判据 3 有悖于该常识，从侧面说明了降雨量不是朱家店滑坡的主要诱发因素。

判据 4 和判据 5 为坡面监测点等速变形阶段判据。判据 4 可以解读为：滑坡区域遭受强度小于或等于 85.5 mm 的累计降雨量时，坡面监测点进入等速变形阶段。该判据精度为 70.2%，同时包含了大量的变形实例。判据 5 可以解读为：当库水位以大于 −3.98 m/月的速率波动，滑坡区域遭受强度为 96～144.3 mm 的降雨量时，坡体监测点进入等速变形阶段。该判据的精度较高，达到 87.5%。对比判据 2 和判据 5 可以看出，随着降雨强度的增大，坡体的变形速率减小，这与常识不太符合，从侧面印证了累计降雨强度并非朱家店滑坡的主要诱发因素。

判据 6 和判据 7 为坡面监测点进入加速变形阶段的判据。判据 6 可以解读为：当库水位波动速率大于－7.06 m/月，滑坡区域遭受强度大于 85.5 mm 的累计降雨量时，坡面监测点进入加速变形阶段。该判据的实质是：雨季时期，库水位以大于 7.06 m/月的速率快速下降，坡体进入加速变形阶段。该判据的精度极高，高达 100%。判据 7 可以解读为：当低位库水位(小于或等于 155.23 m)以大于－7.06 m/月的速率波动，研究区域遭受强度大于 144.3 mm 的降雨量时，坡面监测点进入加速变形阶段。该判据的精度较低，为 50.0%。

对比判据 4 和判据 1、判据 2 可以看出，引起坡体进入初始变形阶段的月度累计降雨强度阈值为 85.5 mm；判据 6 显示，引起坡体进入变形加速阶段的库水位下降速率阈值为 7.06 m/月，约合 0.235 m/d；判据 7 显示，引起坡面监测点进入加速变形阶段的月度累计降雨强度阈值为 144.3 mm。

建立的决策树模型同时给出了变形演化判据各变量的重要性程度，详见图 5-13。由图 5-13 可知，建立的变形演化判据重要性程度从高到低依次为：库水位波动、累计降雨量以及平均库水位。库水位波动为朱家店滑坡变形演化的主要诱发因子，同前述的分析一致。

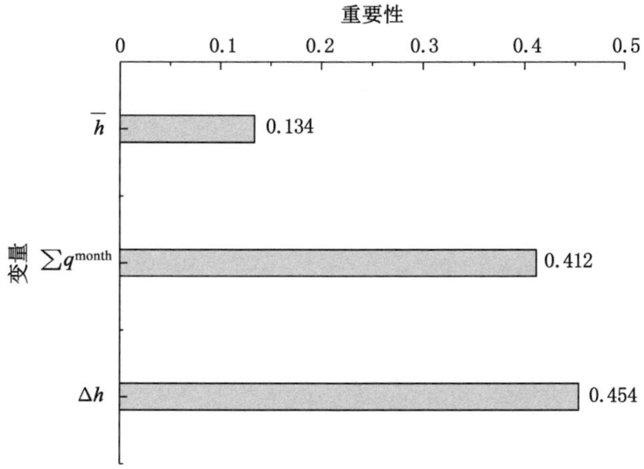

图 5-13　朱家店滑坡变形演化阈值判据变量重要性程度

产生的判据模型显示，平均库水位对朱家店滑坡的变形具有一定的影响。由图 5-11 中坡面监测点变形同库水位和降雨量的对比可以看出，库水位于 2006 年 10 月初次蓄水至 156 m，当库水位由 156 m 下降至 145 m 时，坡面监测点的位移增量为 26.9 mm[图 5-11(a)]；库水位于 2008 年 11 月初次蓄水至 172 m，当库水位由 172 m 下降至 145 m 时，坡面监测点的位移增量为 144.9 mm[图 5-11(b)]，明显大于前一个阶段的变形；库水位于 2010 年 10 月初次蓄水至 175 m，当库水位由 175 m 下降至 145 m 时，坡面监测点的位移增量达到 222.4 mm[图 5-11(c)]，大于前两个阶段的位移增量。以上变形显示，当库水位从某一新的蓄水高度下降至最低水位时,坡面监测点发生显著的位移。该结论表明库水位对坡体监测点的变形具有一定的影响,同数据挖掘的结论一致。

坡面裂缝伸长计 E1 的监测成果(图 5-14)用于对数据挖掘的结果进行验证,伸长计 E1 的空间位置详见图 5-7。由图 5-14 可以看出,2011 年 6 月库水位基本维持在低水位 145 m 处,坡体遭受强度为 156 mm 的累计降雨量,裂缝宽度增量为 14 mm[图 5-14(a)];2012 年 7 月 27 日至 2012 年 8 月 16 日期间,研究区域几乎没有任何降雨,此期间库水位快速下降,裂缝宽度增量为 32 mm[图 5-14(c)],明显大于前一个阶段的变形。降雨量和库水位波动联合作用期间[图 5-14(b)],裂缝的宽度显著增大。由此对比可以看出,坡面监测点的变形受到库水位波动和累计降雨量的联合影响;库水位波动对坡面监测点的变形影响比累计降雨量大。

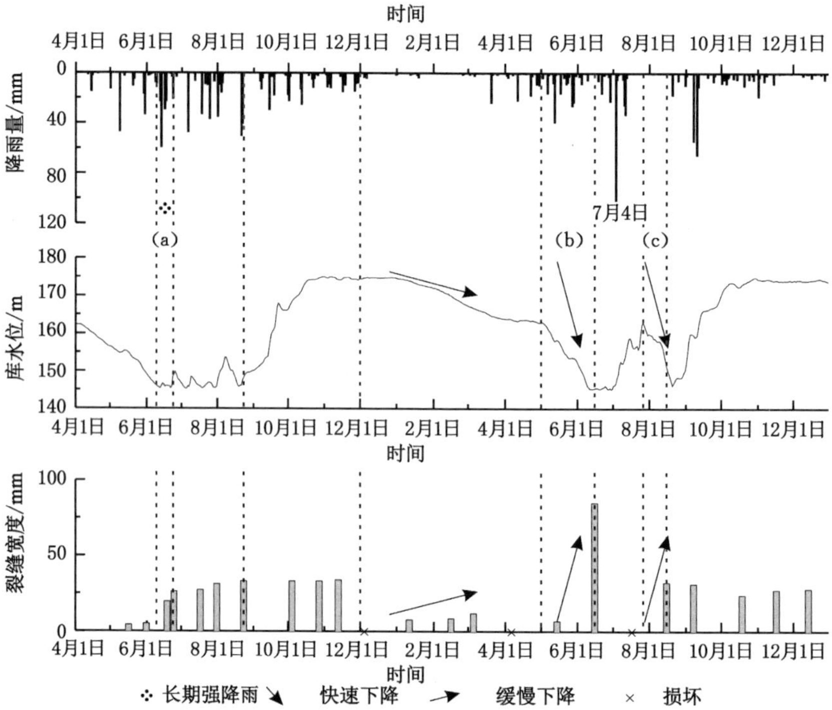

图 5-14　朱家店滑坡降雨-库水位-坡面裂缝宽度对比(2011 年 4 月 1 日至 2012 年 12 月 31 日)

数据挖掘的变形演化判据中并未包含短时阵雨因子,显示短时阵雨因子对坡体变形的影响较为微弱。图 5-14 中降雨柱状图显示,2012 年 7 月 4 日,研究区域遭受短时强降雨,强度达到 101.4 mm,而坡体深部位移的监测成果显示,此阶段坡面深部位移不但没有增大,反而呈减小趋势(图 5-15),这表明短时降雨对坡体的变形影响较为微弱。分析原因可能是坡体表层耕植土的渗透系数较小,原位试验显示,坡体表层的渗透系数仅为 7.46×10^{-5} m/s(Hu et al.,2013)。短时降雨转化为坡面径流,较少入渗坡体,因此对坡体的变形影响作用较为微弱。坡体深部位移减小可能是由于库水位上升的压脚作用,对坡体的整体稳定性有利。

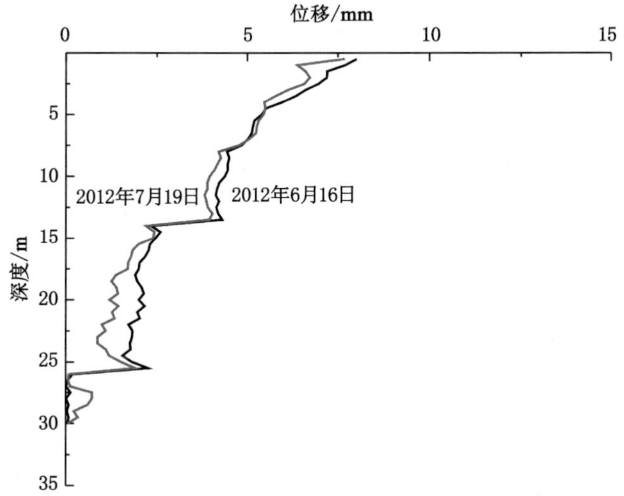

图 5-15　朱家店滑坡测斜仪监测成果(2012 年 6 月 16 日至 2012 年 7 月 19 日)

第6章　基于互信息的水库滑坡特征选择

6.1　互信息特征选择

水库滑坡的发展演化受多种因素的影响(如降雨量、库水位、水位波动等),因此在滑坡位移预测中需要考虑多个变量与滑坡位移之间的关系,但并不是所有与之相关的因子都适合作为模型的输入变量,与滑坡位移相关性较低的变量不仅大大影响预测精度,还会增加模型的计算时间,削弱模型的拟合程度和鲁棒性(Ma et al.,2020b)。因此,为了提高滑坡位移预测的精度,减少不必要的计算时间,对模型预测前的变量选择是必要的。

6.1.1　特征选择

由于大数据时代的来临,人们所研究的数据规模越来越大,数据维度越来越高。高纬度的数据给数据处理带来了极大的挑战:一方面高维度容易导致“维度灾难”等问题,另一方面高维数据中的冗余特征和不相关特征会对数据描述和应用产生干扰。数据的特征选择是在多种特征中根据一些特定的计算方法,将符合要求的特征筛选出来(Li et al.,2020),以有效降低特征空间的维数。图6-1为特征选择的基本流程。

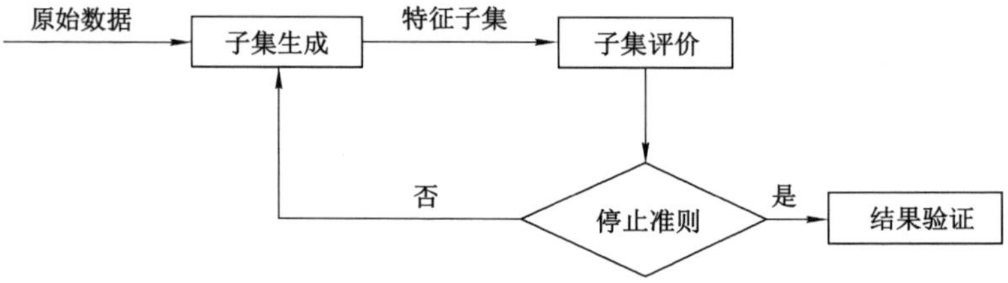

图6-1　特征选择基本流程

特征子集的产生过程其实是一个搜索寻优的过程,可以分为5个阶段:搜索方向、搜索策略、评价准则、停止条件和验证结果。特征选择的过程从决定搜索起点和方向开始;然后根据不同的搜索策略进行子集搜索;特征子集产生后,用评价准则计算特征的重要性,然后进行选择,满足停止准则条件后停止特征选择过程;最后再用错误估计或者一些验证方法来评价特征子集用于分类是否有效。

特征选择算法又可以分为滤波法(filter)、封装法(wrapper)和嵌入法(embedded),如图6-2所示。Filter评价策略的特征选择方法中的学习方法独立于具体的分类模型,即在特征选择过程中不考虑具体的学习算法。这使得Filter模型可以独立于特定的学习任务使用,并且可以在数据预处理阶段进行快速而有效的特征选择。它直接利用数据的统计特性来评价特征，并根据特征的重要程度来排序，进而去除得分较低的特征。Filter 模型特征选择的评估方法分为 4 类：距离度量、相关性度量、一致性度量和信息度量，详见表 6-1。距离度量是一种常用的度量方法，有欧氏距离、马氏距离等。Filter 模型的优点是简单、高效，并且可以与各种学习算法结合使用。它可以快速筛选出具有代表性的特征子集，减少特征空间的维度，并提高学习算法的效率和泛化性能。

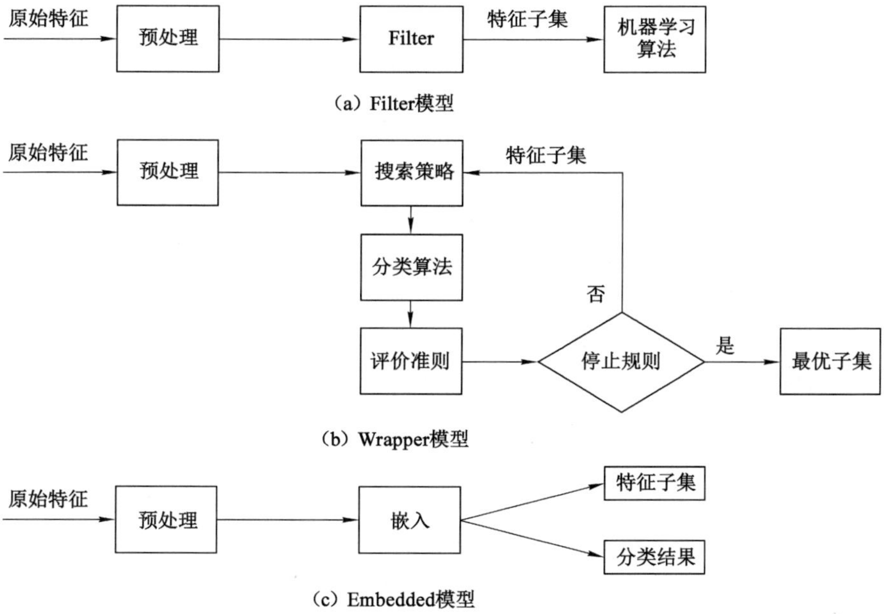

图 6-2　特征选择算法

表 6-1　Filter 模型特征选择常用度量方法

度量方法	评价	评价方法	说明
距离度量	欧式距离	$d=[\sum_{i=1}^{n}(x_i-y_i)]^{\frac{1}{2}}$	距离度量主要对特征变量 x 与 y 之间的相异性进行测量； 同类特征中样本之间的距离应尽可能小，不同类特征样本之间的距离应尽可能大； 距离度量中准则函数应具有单调性，不能处理交叠的情况； 马氏距离不用考虑量纲
	M 阶马氏距离	$d_M=\left[\sum_{i=1}^{n}(x_i-y_i)^m\right]^{\frac{1}{m}}$	
	S 阶闵可夫斯基距离	$d_S=\left[\sum_{i=1}^{S}\mid x_i-y_i\mid^S\right]^{\frac{1}{S}}$	
	切比雪夫距离	$d=\max\mid x_i-y_i\mid$	
相关性度量	皮尔逊相关系数	$\rho(x,y)=\dfrac{\sum_i(x_i-\bar{x})(y_{ik}-\bar{y}_k)}{\left[\sum_i(x_i-\bar{x})^2(y_{ik}-\bar{y}_k)^2\right]^{\frac{1}{2}}}$	相关性度量评价假设好的特征子集中包含的特征分类的相关度高，同类特征之间的相关度低； 皮尔逊系数用于衡量特征与类别的可分离性程度
	最小平方回归法测度	$R^2=\dfrac{\sum_k\left[\sum_i(x_i-\bar{x})(y_{ik}-\bar{y}_k)\right]^2}{\left[\sum_i(x_i-\bar{x})^2\sum_i\sum_k(y_{ik}-\bar{y}_k)^2\right]}$	

表 6-1(续)

度量方法	评价	评价方法	说明
一致性度量	不一致率	找到与全部数据有同样能力的最小子集	单调快速,但只适用于离散值特征
信息度量	信息增益(IG)	$IG(T)=H(C)-H(C\|T)$	互信息是非线性相关测度,可以处理离散特征,对连续变量需要进行离散化处理
	互信息(MI)	$MI(T)=H(X)-H(X\|Y)$	

Wrapper 评价特征选择方法需要预先设定分类器学习模型,然后根据后续分类器的准确率对特征子集进行评价。Wrapper 特征选择通过将特征选择过程嵌入到机器学习算法的训练过程中,来评估特征子集的性能。与 Filter 模型不同,Wrapper 特征选择方法直接使用具体的学习算法来评估特征子集的质量,并根据性能指标选择最佳的特征子集。Wrapper 特征选择的基本思想是通过迭代搜索特征子集的空间,每次迭代使用一个特定的特征子集进行模型训练和评估。具体步骤如下:

① 初始化特征子集,开始时,可以将特征子集设置为空集,或者包含全部的特征。

② 特征子集搜索,在每一次迭代中,根据某种搜索策略,从当前特征子集中选择一个特征进行添加或删除,生成新的特征子集。

③ 模型训练与评估,使用选定的学习算法,使用当前特征子集对模型进行训练,并利用交叉验证、准确率、误差率等性能指标评估模型的性能。

④ 特征子集更新,根据模型的性能指标,更新特征子集。例如,如果性能指标提高,则接受新的特征子集作为当前特征子集;否则,保持当前特征子集不变。

⑤ 终止条件,重复执行步骤②到步骤④,直到满足停止准则,如达到最大迭代次数、特征子集不再改变或达到指定的性能阈值。

Wrapper 特征选择方法通过将特征选择与学习算法紧密结合,可以更准确地评估特征子集的性能,并针对具体的学习任务进行优化。然而,Wrapper 特征选择方法的计算开销较大,因为每次迭代都需要重新训练模型。此外,由于搜索空间的复杂性,存在可能陷入局部最优解的问题。

Embedded 特征选择方法将特征选择作为学习算法的一部分,它同时解决了特征选择和分类或者聚类等问题。分类器依赖于选择的特征模型以及具体的学习算法。这类特征选择方法主要有基于决策树模型的特征选择算法、支持向量机特征选择算法等。Embedded 特征选择方法通常与具有内置特征选择功能的学习算法一起使用,例如正则化方法(如 L1 正则化)、决策树(如随机森林)、支持向量机(SVM)和神经网络等。这些学习算法在训练过程中会考虑特征的权重或重要性,并自动进行特征选择。具体而言,Embedded 特征选择方法的步骤如下:

① 初始化特征权重或重要性,对每个特征给定一个初始权重或重要性。

② 学习算法训练,使用带有特征权重或重要性的学习算法进行模型训练。在训练过程中,学习算法会根据数据和目标函数来调整特征的权重或重要性。

③ 特征权重或重要性更新,根据学习算法的优化过程,更新特征的权重或重要性,较低权重或重要性的特征被认为对模型的性能贡献较小,可能会被排除或降低权重。

④ 终止条件，重复执行步骤②和步骤③，直到满足停止准则，如达到最大迭代次数、特征权重或重要性收敛或达到指定的性能阈值。

Embedded 特征选择方法的优点是能够直接学习特征的权重或重要性，不需要额外的特征选择过程。此外，由于特征选择是作为学习算法的一部分进行的，因此可以更好地考虑特征之间的相互关系和交互作用。然而，Embedded 特征选择方法也有一些限制。首先，使用的学习算法必须具有内置的特征选择功能。其次，特征选择过程与模型训练过程紧密相关，这可能会导致特征选择与模型优化之间相互影响。此外，选择合适的学习算法和合适的参数设置对于获得良好的特征选择结果非常重要。

6.1.2 互信息

互信息属于信息准则中的典型度量，描述了变量之间的相关关系。它不需要预先知道原始数据的分布，并且原始数据经过变换后仍然保持信息熵的不变性，其对噪声不敏感和鲁棒性好的特点，非常适用于人工智能模型中的变量选择。本研究采用基于互信息的过滤式变量选择方法，筛选出相关性高的变量，过滤掉相关性低的变量，得到水库滑坡位移预测模型关键特征变量，以提高模型的预测精度，并对比互信息最大法（MIM）、联合互信息法（JMI）、最大相关-最小冗余法（mRMR）、双输入对称相关性法（DISR）、条件信息特征选取法（CIFE）、条件互信息最大法（CMIM）、互信息特征选择法（MIFS）、交互限制准则（ICAP）、BetaGamma 法和条件冗余准则（CONDRED）等十种不同的基于互信息的变量选择方法，以研究其对水库滑坡位移预测模型的影响程度。

信息所包含的信息量的多少代表了其存在的不确定性，1948 年香农提出了熵的定义（Shannon，1948），以度量信息的随机性。一个数据集合 $A=\{x_1,x_2,x_3,\cdots,x_n\}$ 中任意一个随机变量 x，其边缘概率分布函数为 $p(x)$，则其熵的定义为：

$$H(x)=-\sum_{x}p(x)\log_2 p(x) \tag{6-1}$$

$H(x)$越大，则随机变量 x 的不确定性越大，假设 y 是另一个数据集 $B=\{y_1,y_2,y_3,\cdots,y_n\}$ 中任意随机变量，则在已知变量 y 存在的条件下，变量 x 的不确定性可以用条件熵（Boyle et al.，2002）来度量。

$$H(x\mid y)=-\sum_{x\in A}\sum_{y\in B}p(x,y)\log_2 p(x\mid y) \tag{6-2}$$

式中，$p(x,y)$为 x,y 的联合分布概率。

而在已知变量 y 的前提下，度量 x 不确定性的减少量称之为两者之间的互信息，互信息是一种度量信息量的方法，通常用于统计信息特征与特征之间关系，可以用来定量评价变量之间的相关性。其定义为：

$$I(x;y)=H(x)-H(x\mid y)=\sum_{x\in A}\sum_{y\in B}p(x,y)\log\frac{p(x,y)}{p(x)p(y)} \tag{6-3}$$

熵和互信息的关系如图 6-3 所示。

目前，已提出多种基于互信息的特征选择算法，下面简述本书所选择的十种算法。

（1）互信息最大法

互信息最大法是基于熵和互信息的一种最大化保留所选类别信息的特征选择方法（Lewis，1992），通过所选变量之间的互信息及条件概率分布来评价判断特征的相关程度。

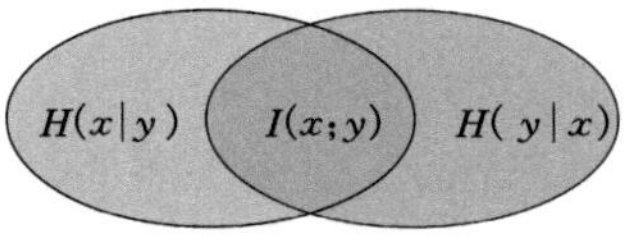

图 6-3 熵和互信息的关系

一般将候选变量按 MIM 值的大小进行排列，同时设置一个阈值，大于阈值的判定为相关性强的变量，低于阈值的判定为相关性弱的变量，该方法计算简单，但无法考虑冗余特征对评价结果的影响。其评价函数 $J_{\mathrm{MIM}}(x_k)$ 定义如下：

$$J_{\mathrm{MIM}}(x_k)=I(x_k;y) \tag{6-4}$$

式中，x_k 代表特征集合 S 中的候选特征；y 代表特征类别。

（2）联合互信息法

联合互信息法是 Yang 等(1999)于 1999 年提出的一种度量联合随机变量 $x_k x_j$ 和已选变量之间互信息的方法，在特征选择中可以评价候选变量$(x_1,x_2,\cdots,x_{j-1})$对于已选变量 x_j 减少了多少关于特征类别 y 的不确定性。其评价函数 $J_{\mathrm{JMI}}(x_k)$ 定义为：

$$J_{\mathrm{JMI}}(x_k)=I(x_k x_j;y)=\sum_{x_j\in S}p(x_j;y\mid x_{j-1},x_{j-2},\cdots,x_1) \tag{6-5}$$

（3）最大相关-最小冗余法

最大相关-最小冗余法是 Peng 等(2005)于 2005 年提出的一种基于互信息的最大依赖性准则，用以检验候选特征与已选特征在类别相关度方面的联系，在将变量特征之间的冗余关系最小化的同时，将特征子集与类别标签之间的相关性最大化。其评价函数 $J_{\mathrm{mRMR}}(x_k)$ 定义为：

$$J_{\mathrm{mRMR}}(x_k)=I(x_k;y)-\frac{1}{|S|}\sum_{j\in S}I(x_k;x_j) \tag{6-6}$$

式中，$|S|$ 代表已选特征的个数。

（4）双输入对称相关性法

双输入对称相关性法是 Meyer 等(2006)于 2006 年提出的利用互信息衡量一个子集的两个变量(双输入)的所有组合上的对称相关性的方法，与其他方法相比，DISR 中已选变量的互补变量被选择的概率要高得多。其评价函数 $J_{\mathrm{DISR}}(x_k)$ 定义为：

$$J_{\mathrm{DISR}}(x_k)=\sum_{x_i\in S}\frac{I(x_j x_k;y)}{H(x_j x_k y)} \tag{6-7}$$

（5）条件信息特征选取法

条件信息特征选取法是 Lin 等(2006)于 2006 年提出的一种考虑了已选特征变量和类标签之间变化的特征选择方法。其评价函数 $J_{\mathrm{CIFE}}(x_k)$ 定义为：

$$J_{\mathrm{CIFE}}(x_k)=I(x_k;y)-\sum_{x_j\in S}I(x_k;x_j)+\sum_{x_j\in S}I(x_j;x_k\mid y) \tag{6-8}$$

（6）条件互信息最大法

条件互信息最大法是 Fleuret(2004)于 2004 年提出的一种基于条件互信息的特征选择方法，该方法利用已选特征集合中条件互信息最大的单个特征来评价特征与类标签之间的关系。其评价函数 $J_{\mathrm{CMIM}}(x_k)$ 定义为：

$$J_{\mathrm{CMIM}}(x_k)=\min_{x_j\in S}[I(x_k;y\mid x_j)]=I(x_k;y)-\max_{x_j\in S}[I(x_j;x_k)-I(x_j;x_k\mid y)] \tag{6-9}$$

(7) 互信息特征选择法

互信息特征选择法是 Battiti 于 1994 年提出的一种基于互信息的方法(Peng et al.,2005),该方法在 MIM 只考虑特征与标签之间相关性的基础上,进一步考虑了所选特征之间的相关性,并引入惩罚因子 β 来调节已选特征之间的低相关性。其评价函数 $J_{\mathrm{MIFS}}(x_k)$ 定义为:

$$J_{\mathrm{MIFS}}(x_k)=I(x_k;y)-\beta\sum_{x_j\in S}I(x_k;x_j) \tag{6-10}$$

(8) 交互限制准则

交互限制准则是 Jakulin(2005)于 2005 年提出的用以消除高维特征固有偏置的一种基于互信息的标准化准则,假设待选特征变量 x_k 和 x_j 是独立的。其评价函数 $J_{\mathrm{ICAP}}(x_k)$ 为:

$$J_{\mathrm{ICAP}}(x_k)=I(x_k;y)-\sum_{x_j\in S}\max\{0,[I(x_k;x_j)-I(x_j;x_k\mid y)]\} \tag{6-11}$$

(9) BetaGamma 法

Brown 等(2012)提出以条件似然问题为出发点的贪婪优化过程,该过程基于一个简单的包含特征 x_k 的评价标准,是在 $J_{\mathrm{MIM}}(x_k)$ 上的改进。其评价函数 $J_{\mathrm{BetaGamma}}(x_k)$ 定义为:

$$J_{\mathrm{BetaGamma}}(x_k)=I(x_k;y)-\beta\sum_{j\in S}I(x_j;x_k)+\gamma\sum_{j\in S}I(x_j;x_k\mid y) \tag{6-12}$$

式中,$I(x_k;y)$ 代表关联;$I(x_j;x_k)$ 代表冗余;$I(x_j;x_k\mid y)$ 代表条件冗余;β 表示交互依赖因子;γ 表示类别条件惩罚因子(取值范围为 0～1)。

(10) 条件冗余准则

条件冗余准则是 Brown 等(2012)提出的一种用于评价 $\beta=0$,$\gamma=1$ 时的特征变量之间的相关性,是一种特殊情况下的 BetaGamma 准则。其评价函数 $J_{\mathrm{CONDRED}}(x_k)$ 定义为:

$$J_{\mathrm{CONDRED}}(x_k)=I(x_k;y)+\sum_{x_j\in S}I(x_j;x_k\mid y) \tag{6-13}$$

6.2 基于分解-重构的水库滑坡位移预测

6.2.1 集合经验模态分解(EEMD)

在外部环境因素的影响下,滑坡的变形破坏表现出随机性和动态非线性(Dai et al.,2001;贺可强等,2005),直接对原始数据进行分析,会存在较大的噪声和干扰,不能发掘数据序列的本质特征,进而无法进一步提高滑坡位移的预测精度。基于时间序列的滑坡位移分析方法可以将滑坡数据分解为具有一定物理意义和规律的子序列,进而寻找到表征数据变化的内在规律和特点。现阶段,常用的时间序列分解方法主要有:① 平滑法,如移动平均法(李云刚,2009)和指数平滑法(卢永芳等,2012)等,这类方法对于波动性较小的短期预测表现较好,但不适用于波动性较大的、较复杂的时间序列;② 递推平均滤波法,如滑动平均法,该类方法平滑度高,但必须预先估计趋势项的类型;③ 小波法(马社祥等,2000),该类方法适应性强、应用广泛,但其参数和分解层数都需要事先估计;④ 经验模态分解法,该类方法根据数据自身特点进行分解,但存在模态混叠等问题。以上方法虽有各自的优势,但存在一定的局限性，不能普遍适用。本研究采用集合经验模态分解（EEMD）将滑坡时间序列分解为趋势项和周期项。趋势项通常是滑坡内部因素长期作用的结果，表征了滑坡本身的位移变化趋势；周期项是外部因素引起的随机变动，在外部因素规律作用下可以表现出一定的周期性。

集合经验模态分解是 Huang 等（1998）于 1998 年提出的一种利用希尔伯特-黄变换（HHT）对非平稳非线性信号进行分解的方法。该方法可以根据数据本身的时间尺度特征将其分解为多个本征模函数（intrinsic mode function，IMF）和一个余量（residual），分解后的函数保留了具有物理意义的原始信号的局部特征（Cheng et al.，2015）。

为了解决经验模态分解（EMD）模态混叠问题，EEMD 引入了集合平均的思想。具体而言，EEMD 将原始信号添加不同的高斯白噪声，然后对每个噪声扰动后的信号进行独立的 EMD 分解。最后，将对应的 IMFs 取平均值得到最终的 IMFs。EEMD 的优势在于：① 对非线性和非平稳信号具有较好的适应性；② 通过引入随机噪声和集合平均的方式，EEMD 可以在一定程度上缓解模态混叠的问题，使得分解的 IMFs 更加准确和可靠；③ 相比其他分解方法，EEMD 能够更好地保持信号的能量守恒，不会产生能量的增加或减少。

如图 6-4 所示，基于 EEMD 的时间序列分解过程可以表示为：

① 对原始数据序列 $x(t)$ 中添加一组新的呈正态分布的随机白噪声序列，得到新的含噪声的函数序列 $x_j(t)$：

$$x_j(t) = x(t) + n_j(t), j = 1,2,\cdots,M \tag{6-14}$$

② 将新的噪声序列运用 EMD 进行分解，得到若干个本征模函数和一个余量：

$$x_j(t) = \sum_{i=1}^{L} c_{i,j}(t) + r_{L,j}(t), j = 1,2,\cdots,M \tag{6-15}$$

式中，$c_{i,j}(t)$ 是噪声序列 $x_j(t)$ 经过第 j 次分解后的第 i 个 IMF，$r_{L,j}(t)$ 是分解后的余量。

③ 将不同的正态分布白噪声添加至原始数据重复步骤②进行计算。

④ 将得到的 IMF 和余量求平均值，得到：

$$\begin{aligned} \bar{c}_i(t) &= \sum_{j=1}^{M} c_{i,j}(t)/M \\ \bar{r}_L(t) &= \sum_{j=1}^{M} r_{L,j}(t)/M \end{aligned} \tag{6-16}$$

6.2.2 支持向量回归（SVR）

支持向量机（SVM）是由 Cortes 等（1995）提出的一种适用性强、鲁棒性好的机器学习算法，被广泛用于处理分类和回归问题，支持向量回归（SVR）是一种基于 SVM 的回归方法，也是将低维非线性回归问题的输入变量通过 $\varphi(x)$ 映射到高维特征空间，进而求解回归问题的方法，可以很好地用于预测分析。对于一组滑坡的监测数据，输入变量和输出位移为 $\{x_i, y_i\}_i^n$，其含有和函数的非线性 SVR 公式为：

$$y = f(x) = \sum_{i=1}^{n} \boldsymbol{\omega}_i K(x_i, x) + b \tag{6-17}$$

式中，$\boldsymbol{\omega}$ 和 b 分别表示权重向量和偏置。

非线性 SVR 的公式可以通过如下的优化函数获得：

$$\min_{\boldsymbol{\omega}, b} \frac{1}{2} \| \boldsymbol{\omega} \|^2 + c \sum_{t=1}^{T} | \xi_t + \xi_t^* | \tag{6-18}$$

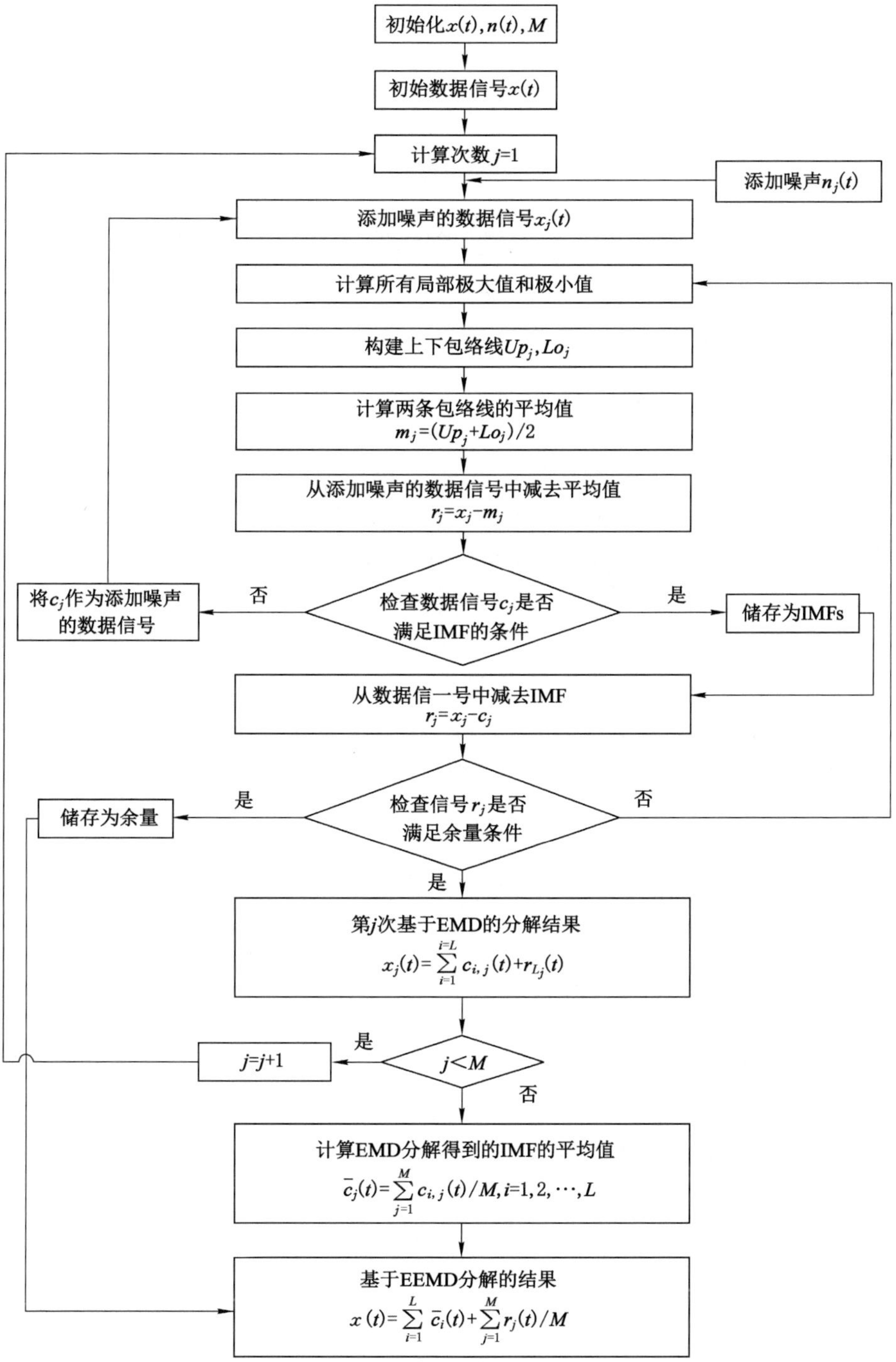

图 6-4　EEMD 分解流程

$$\begin{cases} y_i - f(x_i) \leqslant \varepsilon + \xi_t \\ f(x_i) - y_i \leqslant \varepsilon + \xi_t^* \\ \xi_t, \xi_t^* \geqslant 0 \end{cases} \tag{6-19}$$

式中，c 表示惩罚参数；ξ_t，ξ_t^* 表示两个松弛变量；ε 表示误差控制函数的参数。

对上述函数引入拉格朗日乘子 a_i^*、a_i，非线性 SVR 则转化为对偶问题，表示为：

$$y = f(x) = \sum_{i=1}^{n}(a_i^* - a_i)K(x_i, x) + b \tag{6-20}$$

在本研究中，选择泛化能力较好的高斯函数作为核函数，其表达式为：

$$K(x_i, x) = \exp\left[-\frac{(x - x_i)^2}{2\sigma^2}\right] \tag{6-21}$$

式中，σ 表示高斯核函数的宽度。

6.2.3 粒子群优化(PSO)

粒子群优化(PSO)算法是元启发式算法的一种(王其涛，2010)，它模拟了鸟类群体的群集行为(Kennedy et al.，1995)。该算法中的粒子以位置和速度为特征，根据当前最优粒子在问题空间中的动态运动，通过调整速度和位置达到全局最优，具有实现容易、计算收敛快和精度高等特点，在处理优化问题方面有很好的表现。

本书通过将 PSO 和 SVR 相结合的方法，运用 PSO 进行参数寻优，以得到最优解下 SVR 模型的两类参数：惩罚参数 c 和核函数的宽度参数 σ。PSO-SVR 主要计算流程如下：

① 设置最大迭代次数 T，学习因子 c_1 和 c_2，最小加权因子 $\omega_{\min}$ 和最大加权因子 $\omega_{\max}$；

② 设置当前的初始迭代次数 $T=1$；

③ 初始化惩罚参数 c 和核宽度参数 σ；

④ 在搜索空间中初始化位置为 U_i，速度为 V_i 的粒子；

⑤ 评估每个生成粒子的拟合度；

⑥ 如果拟合值低于 $P_{\text{best}_{i,j}}$，则更新个体粒子的极值为 $P_{\text{best}_{i,j}}$；

⑦ 更新搜索空间的全局极值 g_{best_j}；

⑧ 更新粒子的位置和速度：

$$\begin{cases} V_{i,j}(k+1) = \omega V_{i,j}(k) + c_1 \text{rand}()[P_{\text{best}_{i,j}}(k) - U_{i,j}(k)] + c_2 \text{rand}()[g_{\text{best}_{i,j}}(k) - U_{i,j}(k)] \\ U_{i,j}(k+1) = U_{i,j}(k) + V_{i,j}(k+1) \end{cases} \tag{6-22}$$

⑨ 设置迭代值为 $T=T+1$，如果 $T<T_{\max}$，返回步骤⑤继续计算，如果 $T \geqslant T_{\max}$，则停止计算，输出结果。

6.2.4 评价指标

在本章节研究中，选取 6 个评价指标均方误差(MSE)、均方根误差(RMSE)、归一化均方根误差(NRMSE)、相关系数(R)和 Kling-Gupta 效率(KGE)来定量评价模型的表现效果。

6.3　水库滑坡位移预测特征选择实例分析

以三峡库区白水河滑坡为例，验证特征选择的重要性。

本研究中构建的结合互信息变量选择、粒子群优化和支持向量回归的 IVS-PSO-SVR 模型主要包括如下步骤：首先利用 EEMD 将原始降雨量、库水位和滑坡位移序列分解为简单的分量，降低数据的维度，将分解后的所有分量重构，构建候选变量数据集，同时得到位移分解后的趋势项位移和周期项位移；然后利用基于互信息的变量选择从候选变量数据集中除去冗余和无关变量，筛选出相关性强的变量，将选择的变量作为 PSO-SVR 模型的输入，对周期项位移进行预测，同时对趋势项位移进行拟合；最后，将预测的周期项位移和趋势项位移相加，得到滑坡位移的整体预测值。

其中，本研究中 SVR 模型的核函数选用最常用的径向基核函数，对于起决定性作用的惩罚系数和核宽度参数，采用 PSO 来优化这两个参数，其基本思想是通过最小化代价函数的均方误差(MSE)来获取最优参数。

(1) 基于 EEMD 的数据分解

EEMD 分解重构候选变量数据集过程中，添加用作白噪声的高斯随机数标准差和添加噪声序列的数目分别设置为 0.2 和 200。表 6-2 为将降雨量、库水位、滑坡位移分解后，重新组合由降雨量分量、库水位分量、降雨量、库水位、库水位波动和滑坡演化状态分量共 26 个变量组成的候选变量数据集。

表 6-2　候选变量数据集

变量类型	候选变量	
降雨量 EEMD 分解	v_1	降雨量 IMF1
	v_2	降雨量 IMF2
	v_3	降雨量 IMF3
	v_4	降雨量 IMF4
	v_5	降雨量 IMF5
	v_6	降雨量分解余量
库水位 EEMD 分解	v_7	库水位 IMF1
	v_8	库水位 IMF2
	v_9	库水位 IMF3
	v_{10}	库水位 IMF4
	v_{11}	库水位分解余量
降雨量	v_{12}	当月降雨量
	v_{13}	前一月降雨量
	v_{14}	前两月降雨量
	v_{15}	前三月降雨量
	v_{16}	前一月和当月累计降雨量

表 6-2(续)

变量类型	候选变量	
库水位	v_{17}	当月库水位
	v_{18}	前一月库水位
	v_{19}	前两月库水位
	v_{20}	前三月库水位
库水位波动	v_{21}	当月库水位波动
	v_{22}	前一月库水位波动
	v_{23}	前两月库水位波动
周期项位移	v_{24}	前一月周期项位移
	v_{25}	前两月周期项位移
	v_{26}	前三月周期项位移

(2) 基于互信息的变量选择

分别选用所有变量和基于 10 种互信息方法选择出来的变量作为预测模型的输入变量，10 种变量选择方法对 26 个重构变量进行筛选，最终选出与滑坡位移相关性最大的 10 个变量。采用基于互信息变量选择得到的 10 个相关性大的变量中，为了确定模型最佳输入变量的个数，分别从 10 个变量中按顺序选出占比 20%、40%、60%、80%、100%的变量作为输入变量代入模型进行计算，以得到使模型计算效果最好时的输入变量个数。

(3) PSO-SVR 预测

在本研究中，数据集被划分为训练集和测试集，分别占总数据的 80%和 20%。采用多项式回归拟合对滑坡位移趋势项建立预测模型，采用 PSO-SVR 对滑坡位移周期项建立预测模型，其中 PSO 的惩罚系数 c 和核宽度参数 g 的区间设置为[0.1,1 000]和[0.01,100]。用多项式回归拟合和 PSO-SVR 分别对滑坡位移的趋势项和周期项进行预测，将两组预测值叠加得到滑坡位移整体预测结果。为了保证收敛性和避免局部最优结果，基于不同变量选择方法，分别计算 100 次，并求出 100 次预测的平均值。

(4) 预测结果与分析

输入变量集和变量选择方法对模型的计算效果都有一定程度的影响。输入变量集不同，或者输入变量个数不同，模型的预测效果不同，输入变量过多或过少都会影响模型的泛化能力。分别用基于互信息的 CMIM、JMI、MIM、MIFS 的变量选择方法，对不同数量输入变量的 PSO-SVR 模型进行 100 次计算，对比选用不同数量的输入变量对预测效果的影响。

本节选用 KGE 和 NRMSE 指标来评价不同变量选择方法和不同数量输入变量的预测效果，KGE 的范围为($-\infty$,1)，其值越接近 1 说明模型的预测效果越好，KGE>0.75 说明模型效果很好，0.65<KGE<0.75 表明模型效果良好，0.5<KGE<0.65 说明模型效果一般，KGE<0.5 则判定为模型效果不理想(Snieder et al.,2020)。图 6-5 为基于 CMIM、JMI、MIM、MIFS 四种互信息变量选择方法在不同数量的输入变量下 PSO-SVR 模型计算的 KGE 指标。纵坐标为不同的变量选择方法，横坐标为 100 次计算得到的 KGE，图中第 25 个和第 75 个百分位值分别用长方形框的左右边界表示，均值用竖线表示，离群值用三角

形表示。从图 6-5 的计算结果可以看出，选用所有变量作为输入变量时，模型的预测评价指标 KGE 为 0.42，小于 0.5，说明将所有变量作为输入变量进行预测的结果并不好。而基于互信息的 CMIM、JMI 和 MIM 变量选择方法，在输入变量数量占比为 20%和 40%时，KGE 的均值均大于 0.65。在输入变量数量占比都小于 40%时，无论哪种变量选择方法，PSO-SVR 模型的预测精度都有所下降。同样，如果选择了太多的输入变量，模型的预测精度也不会显著提高，甚至还会降低。例如在 CMIM 和 MIFS 的变量选择方法下，输入变量数量占比为 80%时，模型的预测评价指标 KGE 反而降至 0.25 和 0.27。由图 6-5 还可以看出，采用不用的变量选择方法，输入变量数量占比为 40%的时候，KGE 均值均大于 0.65，说明对白水河滑坡的预测模型中，输入变量数量为 40%时，PSO-SVR 预测模型可以表现出良好的性能。

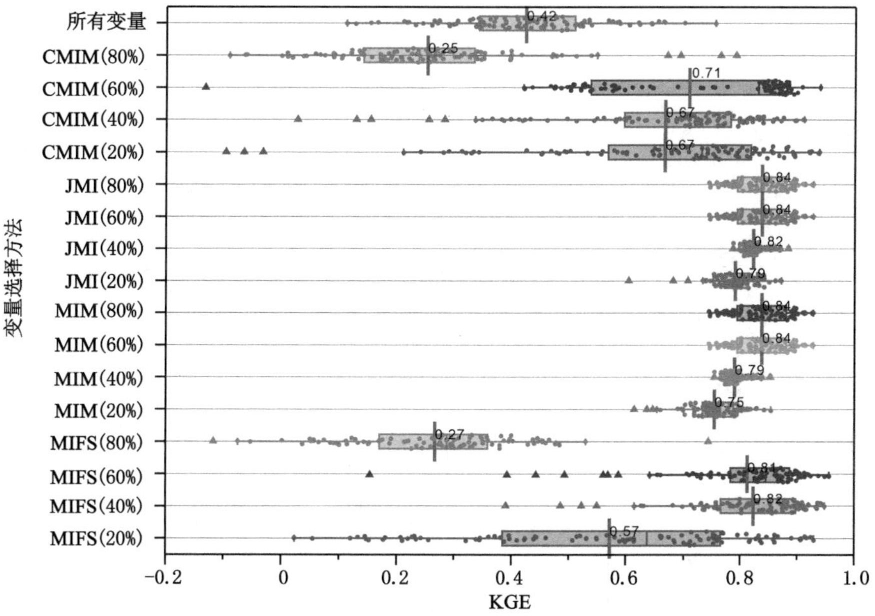

图 6-5　基于 CMIM、JMI、MIM、MIFS 四种互信息变量选择方法在
不同数量输入变量下 PSO-SVR 模型计算的 KGE 指标

综上所述，对候选输入变量进行适当的选择可以提高模型的预测精度。为了进一步比较基于不同变量选择方法的 PSO-SVR 模型的预测效果，采用 10 种基于互信息的变量选择方法，按顺序选取 40%变量作为 PSO-SVR 模型的输入变量，比较其预测效果。

不同变量选择方法和所选择变量如表 6-3 所示，在 10 种变量选择方法中，都将当月库水位波动（v_{21}）排在第一位，说明其与滑坡位移的相关性最大。根据所选择的变量，代入 PSO SVR 模型进行计算，预测结果如图 6-6 所示，对应的 KGE 值和 NRMSE 值如图 6-7 和表 6-4 所示。由于 SVR 结构存在不确定性以及初始化权重、偏差的随机性，100 次计算结果不是一个相同确定的数值，而是分布于一定的区间中，这也体现了在滑坡位移预测中，单次计算的结果并不是十分可靠的，而多次计算得到一定区间下的概率预测更具有参考意义。

表 6-3　不同互信息方法下的变量选择

变量选择方法	选择的变量
MIM	v_{21}，v_{23}，v_{25}，v_{24}，v_{15}，v_{13}，v_{11}，v_{14}，v_{1}，v_{2}
mRMR	v_{21}，v_{9}，v_{15}，v_{25}，v_{11}，v_{24}，v_{23}，v_{13}，v_{1}，v_{14}
CMIM	v_{21}，v_{1}，v_{2}，v_{3}，v_{6}，v_{7}，v_{8}，v_{9}，v_{10}，v_{11}
MIFS	v_{21}，v_{9}，v_{6}，v_{8}，v_{22}，v_{5}，v_{17}，v_{20}，v_{10}，v_{2}
JMI	v_{21}，v_{1}，v_{2}，v_{3}，v_{11}，v_{24}，v_{25}，v_{13}，v_{15}，v_{4}
DISR	v_{21}，v_{1}，v_{2}，v_{3}，v_{11}，v_{24}，v_{25}，v_{15}，v_{4}，v_{14}
CIFE	v_{21}，v_{2}，v_{6}，v_{9}，v_{8}，v_{22}，v_{5}，v_{20}，v_{17}，v_{10}
ICAP	v_{21}，v_{17}，v_{9}，v_{6}，v_{8}，v_{22}，v_{20}，v_{5}，v_{10}，v_{7}
CONDRED	v_{21}，v_{23}，v_{25}，v_{24}，v_{15}，v_{11}，v_{13}，v_{14}，v_{2}，v_{3}
BetaGamma	v_{21}，v_{23}，v_{6}，v_{9}，v_{8}，v_{22}，v_{20}，v_{5}，v_{17}，v_{10}

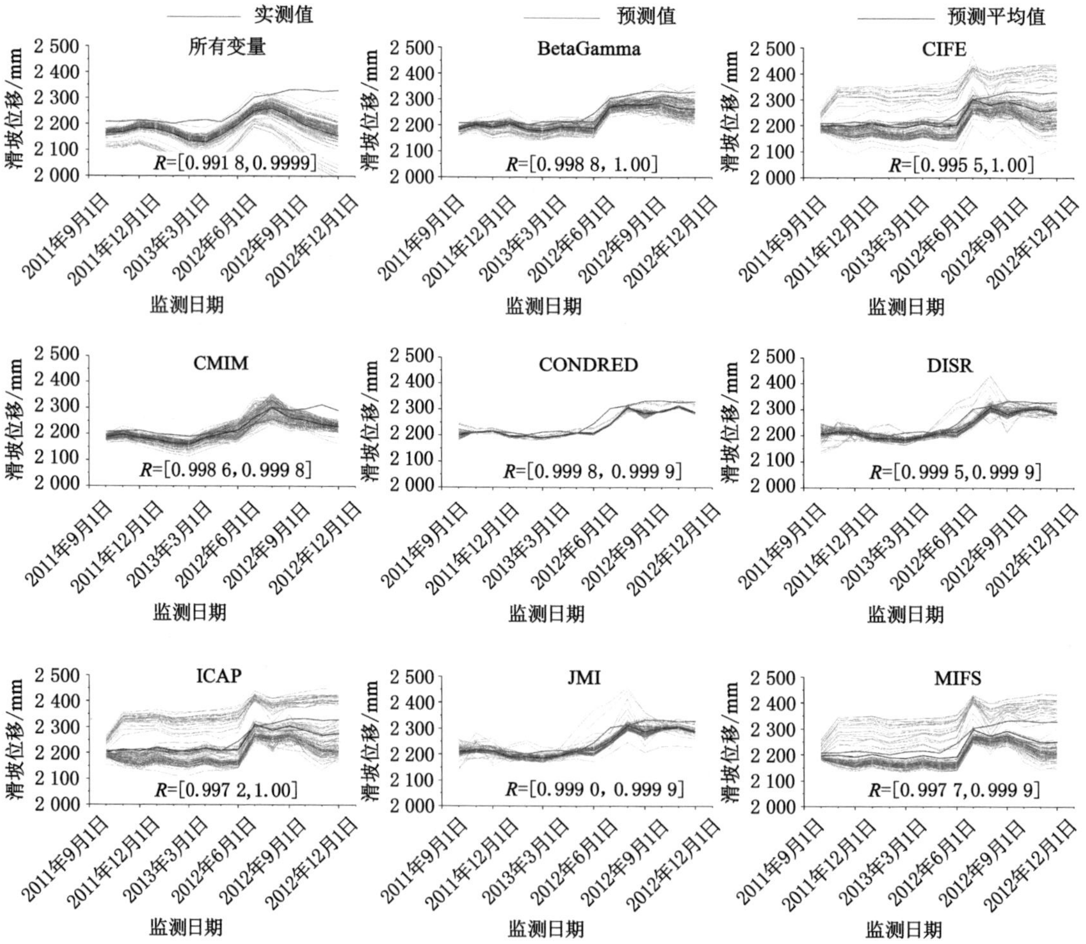

图 6-6　基于不同 IVS 的 PSO-SVR 模型预测结果

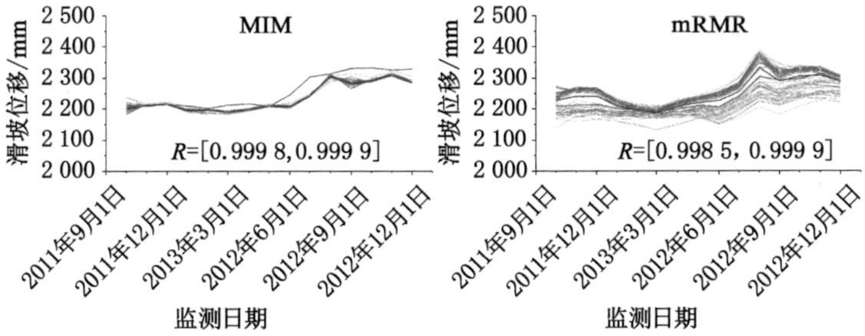

图 6-6(续)

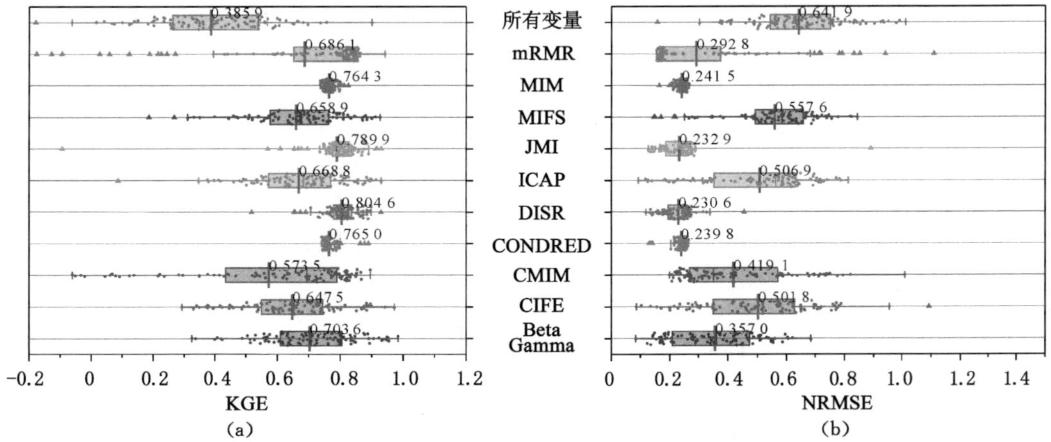

图 6-7　不同变量选择方法下 PSO-SVR 计算结果的 KGE 和 NRMSE 指标

表 6-4　不同 IVS 在 PSO-SVR 模型中计算 100 次结果的 KGE 和 NRMSE 的均值和标准差

基于互信息的变量选择方法	PSO-SVR			
	KGE		NRMSE	
	均值	标准差	均值	标准差
所有变量	0.385 9	0.192 3	0.641 9	0.162 2
mRMR	0.686 1	0.286 7	0.292 8	0.214 8
MIM	0.764 3	0.015 7	0.241 5	0.016 5
MIFS	0.658 9	0.147 6	0.557 6	0.150 3
JMI	0.789 9	0.105 0	0.232 9	0.079 3
ICAP	0.668 8	0.151 7	0.506 9	0.177 3
DISR	0.804 6	0.058 1	0.230 6	0.049 4
CONDRED	0.765 0	0.023 7	0.239 8	0.022 8
CMIM	0.573 5	0.293 0	0.419 1	0.185 5
CIFE	0.647 5	0.154 9	0.501 8	0.193 5
BetaGamma	0.703 6	0.146 5	0.357 0	0.144 9

由预测结果和计算的指标可以看出，对输入变量的适当选择可以有效提高 PSO-SVR 模型的预测精度，相较于所有变量作为输入变量代入模型进行计算的预测结果，用 10 种变量选择方法筛选出的 40%变量作为输入变量代入模型进行计算的预测结果的 KGE 均值有了很大提高、NRMSE 均值也有不同程度的降低。

基于不同的变量选择方法，模型的预测结果也有所不同。在 10 种基于互信息的变量选择方法中，DISR、JMI 和 CONDRED 三种方法预测结果的 KGE 均值最高，均大于 0.75，同时 NRMSE 均值最低，均小于 0.24。这三种方法都在一定程度上平衡了相关性和冗余度之间的关系，相反，MIFS、ICAP、CIFE 三种没有考虑相关性和冗余度之间平衡关系的方法，所得到的预测精度都要低一些，KGE 均值都在 0.65 左右，NRMSE 均值都大于 0.5。这也说明在基于互信息的变量选择中，考虑变量的相关性和冗余度十分重要。

在变量选择方法中，DISR 相对 JMI 的区别是多了一个标准化过程，因此这两种方法在预测结果的表现方面差别不大，KGE 均值都在 0.8 左右，NRMSE 均值差别也非常小。从表 6-4 中还能看出，MIM 选择的变量代入模型计算的标准差最小，说明其 100 次计算的结果相差都很小，表现很稳定，基于互信息最大准则的 MIM 有着稳定的输出结果。多次计算结果标准差较小的还有 CONDRED、DISR 和 JMI，也说明在这些变量选择方法下 PSO-SVR 模型计算有着显著的稳定性。

图 6-8 展现了不同变量选择方法下 PSO-SVR 模型计算结果的标准差、相关系数(R)、均方根误差(RMSE)的泰勒图。泰勒图的优势在于它能够同时考虑多个性能指标，并将它们直观地展示出来。通过观察泰勒图，可以直观地比较不同模型的性能，了解它们在统计特性上的差异和相似性。其中极轴表示计算 100 次结果的标准差的均值，极角表示 R 的均值，点到实际值的径向距离表示 RMSE 的均值，距离越短代表预测点的值越准确。从泰勒图中可以看出，基于 JMI、MIM、DISR、CONDRED 变量选择方法下的 PSO-SVR 模型预测值与实际值更接近，且比将所有变量作为输入变量的预测效果好很多。

为了进一步验证本章所提出的基于互信息的 IVS-PSO-SVR 模型预测效果，将前人所研究的基于其他变量选择方法的预测结果进行对比，如表 6-5 所示。由表 6-5 可以看出，相较于基于经验(EK)和基于灰色关联(Gray R)模型的变量选择方法，基于 MI 的 PSO-SVR 模型的预测结果 R 值最大，证明所提出方法在处理非线性问题、识别关键输入变量方面，表现效果更好。

表 6-5　白水河滑坡不同预测模型之间计算精度比较

预测模型	R
EK+ANN	0.970 3
EK+ELM	0.98 4
EK+PSO-KELM	0.96 9
EK+SVR	0.96 5
Gray R+GS-SVR	0.868 9
Gray R+PSO-SVR	0.871 8
MI+PSO-SVR	[0.991 8,1.00]

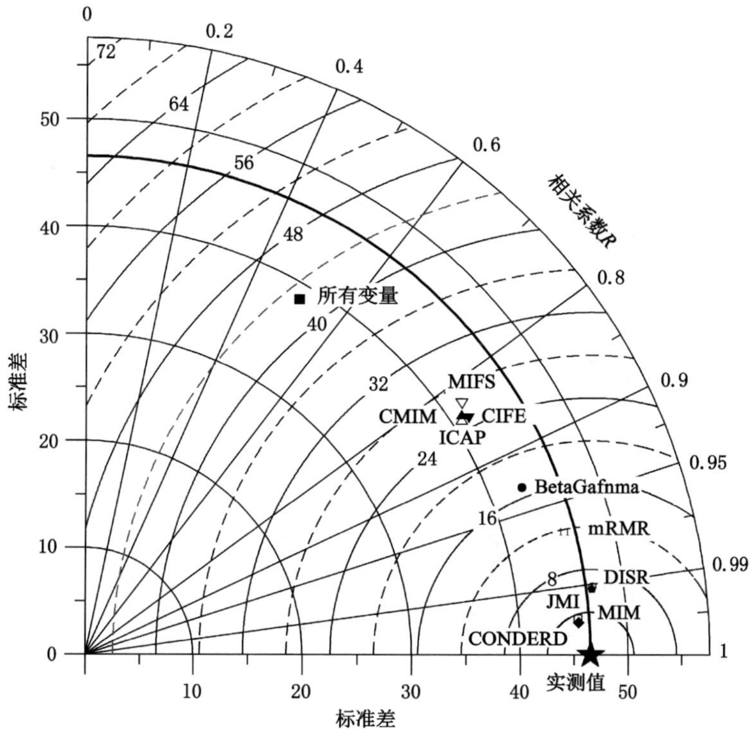

图 6-8　不同 IVS 下 PSO-SVR 模型计算指标的泰勒图

第7章　基于元启发超参数优化水库滑坡位移预测

7.1　元启发式算法

机器学习技术在滑坡位移预测、滑坡易发性评价等领域得到了广泛应用,但仍然存在超参数优化等挑战和障碍。与机器学习模型训练过程中通过训练获得的内部参数值(如神经网络中的权重)不同,超参数是指在模型训练之前需要预先设定的参数,例如决策树、随机森林等算法中的树的深度和数量,以及神经网络算法中的学习率等。超参数优化的目标是在给定机器学习模型的情况下,针对特定任务搜索出使该模型达到最佳性能的超参数配置,可以表示为下述最优化问题:

$$\min f(x) \\ \begin{cases} g(x) \leqslant 0 \\ h(x) = 0 \end{cases} \tag{7-1}$$

式中,$f(x)$为目标函数,$g(x)$为不等式约束条件,$h(x)$为等式约束条件,满足约束条件决策变量的取值范围称为可行域。

发展至今,众多算法被应用于上述最优化问题的求解,例如当目标函数是可微函数时,可以采用梯度下降法和拉格朗日乘数法等,对于线性优化和离散优化问题可以分别采用单纯形法和割平面法求解。但是上述传统算法对于大规模、高维度和非线性数据的适用性较差。近年来,启发式算法(heuristic algorithm)被应用于优化问题的求解。启发式算法是一种基于直观或者经验构造的算法,能够在可以接受的花费(计算时间和空间)下给出优化的一个可行解,该可行解与最优解的偏离程度一般不能被事先预计。传统的启发式算法易陷入局部最优,而元启发式算法(metaheuristic)将随机算法与传统启发式算法的局部搜索相结合,从而有一定的概率跳出局部最优,进而获得全局最优。

元启发式算法是一类用于解决复杂优化问题的计算方法,也是一种高级的启发式搜索算法,元启发式算法通过牺牲准确性和精度为代价,获取最优化问题的可行次优解,为最优化问题的求解提供了一条捷径。元启发式算法通常不依赖问题的数学模型或梯度信息,而是通过探索和利用搜索空间中的解来逐步改进解的质量。这些算法以某种形式的启发式策略为基础,模拟自然界中的生物进化、群体行为或其他启发式的概念。元启发式算法具有以下特点:① 随机性,元启发式算法通常随机在搜索空间中进行探索,以避免陷入局部最优解;② 迭代优化,元启发式算法通过不断迭代优化当前的解,以逐步改善解的质量;③ 元启发式算法不需要问题的具体特征或领域知识,因此可以应用于各种类型的优化问题;④ 并行性,某些元启发式算法具有并行计算的能力,可以利用多个计算资源加速搜索过程。

进入 21 世纪，来自大自然的神奇灵感催生了一大批的元启发式算法。根据元启发式算法设计所模拟的自然特征，可以将其大体归为以下几类(图 7-1)。

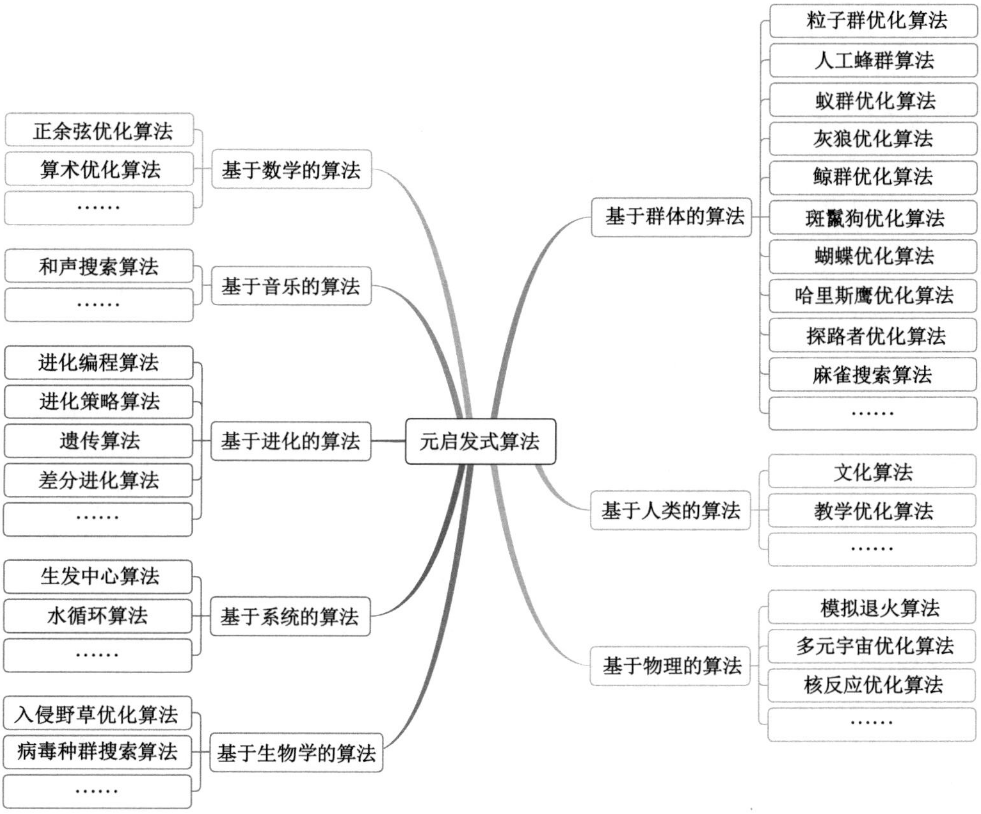

图 7-1　元启发式算法分类

(1) 基于进化的算法

该类算法通常基于进化过程，通过选择、重组和变异创造下一代，生成具有更高质量的新群体。常见的基于进化的算法有遗传算法、进化编程算法和差分进化算法等，其中遗传算法(genetic algorithm，GA)是应用最广泛的基于进化的算法。

遗传算法的基本思想是将待解决问题表示为一个种群的个体，每个个体代表一个可能的解决方案。这些个体通过遗传操作，如选择、交叉和变异，不断进化和优化，以寻找更好的解决方案。遗传算法的基本步骤如下：

① 初始化种群，随机生成一组个体作为初始种群，每个个体表示一个可能的解。

② 评估适应度，根据问题的适应度函数，计算每个个体的适应度值，用于衡量个体的优劣。

③ 选择操作，通过选择操作，按照适应度值选择较优的个体作为下一代的父代。

④ 交叉操作，从父代中选择两个个体，通过交叉操作产生新的个体。交叉操作模拟了基因的重组和遗传信息的传递。

⑤ 变异操作，对新个体进行变异操作，引入随机扰动，以增加种群的多样性和搜索空间

的探索能力。

⑥ 更新种群,根据选择、交叉和变异操作生成的新个体,更新种群。

⑦ 重复迭代,重复执行步骤②至步骤⑥,直到满足停止准则,如达到最大迭代次数或找到满意的解。

遗传算法具有以下特点和优势:① 广泛适用性,遗传算法适用于解决各种优化问题,特别是一些复杂、多参数的问题;② 并行性和全局搜索能力,由于种群中存在多个个体,可以并行地评估和优化解决方案,并具有一定的全局搜索能力;③ 自适应性,遗传算法能够根据问题的特性和种群的状态自适应地调整选择、交叉和变异的策略;④ 鲁棒性,遗传算法对问题的初始条件和约束条件的依赖相对较低,具有一定的鲁棒性。遗传算法在解决复杂优化问题方面表现出色,但其在解决问题空间较大或存在多个局部最优解的问题方面有一定局限性。

(2) 基于群体的算法

该类算法的灵感来源于生物群体,如蚂蚁、蜜蜂、鸟类等。该类算法通过一系列个体与其他个体和环境进行交换,促使全局自组织行为的出现。粒子群优化(particle swarm optimization,PSO)算法和蚁群优化(ant colony optimization,ACO)算法是较为常见的群体优化算法。

在粒子群优化算法中,问题的解被表示为一组粒子,每个粒子代表一个潜在的解决方案。这些粒子在解空间中搜索最优解,通过跟踪每个粒子的位置和速度来更新它们的行动。PSO 算法的基本步骤如下:

① 初始化粒子群,随机生成一组粒子,每个粒子具有一个位置和速度。

② 评估适应度,根据问题的适应度函数计算每个粒子的适应度值,用于衡量粒子的优劣。

③ 更新粒子的速度和位置,根据当前位置和速度,以及群体中最优解和个体历史最优解,更新每个粒子的速度和位置。速度的更新受自身历史最优解和全局最优解的引导。

④ 更新个体历史最优解,根据当前适应度值更新每个粒子的个体历史最优解。

⑤ 更新群体全局最优解,从所有粒子的个体历史最优解中选择最优的解作为群体的全局最优解。

⑥ 重复迭代,重复执行步骤③至步骤⑤,直到满足停止准则,如达到最大迭代次数或找到满意的解。

PSO 算法简单,易于实现,同时具有较快的收敛速度和全局搜索能力。PSO 算法能够通过粒子之间的信息交流和合作来引导搜索过程,从而有效地在解空间中搜索最优解。然而,PSO 算法也存在一些局限性,如对问题空间的初始敏感性差和易于陷入局部最优解。

ACO 算法通过模拟蚂蚁在搜索过程中释放信息素和跟随信息素的轨迹来解决优化问题。ACO 算法的基本思想是通过信息素的正反馈和蚂蚁的合作行为,引导搜索过程,并通过信息素的蒸发和更新来逐步优化解决方案。ACO 算法的基本步骤如下:

① 初始化信息素,在问题的解空间中初始化信息素矩阵,用于记录路径的吸引力。

② 初始化蚂蚁群体,随机将一群蚂蚁置于问题的解空间中的不同位置。

③ 蚂蚁的路径选择,每只蚂蚁根据当前位置和信息素浓度,选择下一个位置。蚂蚁的

选择策略可以基于启发式规则或概率公式，如轮盘赌选择法或最大信息素法则。

④ 更新信息素，当所有蚂蚁完成路径选择后，根据蚂蚁的路径和问题的优化目标，更新信息素矩阵。信息素更新可以通过增加新的信息素或者通过蒸发机制减少旧的信息素。

⑤ 重复迭代，重复执行步骤③和步骤④，直到满足停止准则，如达到最大迭代次数或找到满意的解。

ACO 算法的关键在于信息素的更新和蚂蚁的路径选择策略。信息素的更新考虑了蚂蚁找到更好路径的概率，并且通过蒸发机制保持信息素的多样性。蚂蚁的路径选择策略使得蚂蚁更倾向于选择具有较高信息素浓度的路径，但也给予一定的机会去探索其他路径。

(3) 基于物理的算法

该类算法的设计灵感来源于物理学原理，搜索代理根据引力、电磁力、惯性力等物理规则在整个搜索空间进行通信和移动，寻找最优解。模拟退火(simulated annealing，SA)算法和多元宇宙优化(multi-verse optimizer，MVO)算法是较为常见的基于物理的元启发式算法。

模拟退火算法是一种基于概率的全局优化算法。它受到固体退火过程的启发，模拟了固体退火时温度慢慢降低的过程，通过接受较差解的概率，以避免陷入局部最优解，从而搜索全局最优解。SA 算法通过在搜索过程中引入一个温度参数，控制解空间中的随机跳跃和局部搜索的比例。初始时，温度较高，允许大幅度的随机跳跃，以避免陷入局部最优解。随着迭代的进行，温度逐渐降低，随机跳跃的幅度减小，逐渐向最优解靠近。SA 算法的基本步骤如下：

① 初始化解，随机生成一个初始解作为当前解，并设定初始温度和迭代次数。

② 迭代搜索，重复执行以下步骤直到满足停止准则，如达到最大迭代次数或达到一定条件。

a. 在当前解的邻域中随机生成一个新解。

b. 计算当前解和新解之间的目标函数差异(或称能量差)。

c. 根据能量差和当前温度，决定是否接受新解。较差的解有一定概率被接受，以避免陷入局部最优解。

d. 更新当前解为接受的新解。

③ 降温策略，根据设定的降温策略，逐步降低温度。常见的降温策略有线性降温、指数降温和自适应降温等。

④ 重复迭代，重复执行步骤②和步骤③，直到满足停止准则。

SA 算法的性能和搜索结果与初始解、降温策略以及邻域搜索等因素有关。合理选择初始解和降温策略，以及设计有效的邻域搜索策略，对 SA 算法的性能至关重要。SA 算法的搜索过程较为缓慢，可能需要较长的时间才能达到较优解。因此，在实际应用中需要根据问题的复杂程度和时间限制进行权衡和调优。

MVO 算法中的每个宇宙表示一个潜在的解决方案，而宇宙中的粒子代表解决方案中的参数或决策变量。粒子在宇宙中的移动和演化受到宇宙间引力、位置更新和信息交流等因素的影响。MVO 算法的基本步骤如下：

① 初始化宇宙，随机生成一组宇宙，每个宇宙包含一组粒子，每个粒子表示一个解决方案。

② 评估适应度，根据问题的适应度函数计算每个宇宙中粒子的适应度值，用于衡量粒子的优劣。

③ 更新位置，根据粒子的当前位置和适应度值，通过引力和位置更新公式更新粒子的位置。位置更新受到宇宙间引力和粒子间引力的影响。

④ 更新最优解，对于每个宇宙，根据粒子的适应度值更新最优解，记录最优解的位置和适应度值。

⑤ 信息交流，宇宙间的信息交流通过更新粒子的速度和位置来实现，以促进宇宙间的协作和信息共享。

⑥ 重复迭代，重复执行步骤③至步骤⑤，直到满足停止准则，如达到最大迭代次数或找到满意的解。

MVO 算法通过模拟宇宙间的交互和多样性，具有较强的全局搜索能力和鲁棒性。它能够在解空间中进行多样化的探索，并通过宇宙间粒子的交互和信息交流，逐步优化解决方案。

(4) 基于人类的算法

该类算法的设计灵感来源于人类的教学行为、社交行为、学习行为、情感行为和管理行为等。文化算法(culture algorithm，CA)和教学优化(teaching learning optimization，TLO)算法是较为常见的基于人类的元启发式算法。

文化算法是一种启发式优化算法，模拟了人类文化中的知识传播和适应性学习的过程。它通过引入文化学习和共享知识的机制，以促进搜索空间中的知识交流和全局优化。CA 中的个体被称为文化个体，它们具有个体层和文化层两个层次。个体层代表个体的基本属性和决策变量，而文化层代表共享的知识和规则。文化算法的基本步骤如下：

① 初始化个体，随机生成一组个体，并初始化文化层的知识和规则。

② 评估适应度，根据问题的适应度函数计算每个个体的适应度值，用于衡量个体的优劣。

③ 个体学习，个体通过学习和适应过程改进自身的解决方案。个体可以通过局部搜索、邻域搜索或其他优化方法来更新自己的决策变量。

④ 文化学习，个体通过与文化层的交互来获取和分享知识。文化层中的知识和规则可以被个体利用，以指导其搜索过程和决策。

⑤ 信息传播，个体之间通过信息传播来共享知识和经验。个体可以在搜索过程中交流信息、更新文化层中的知识，并受益于其他个体的经验。

⑥ 更新文化层，文化层根据个体的贡献和共享的知识进行更新。更有价值的知识和规则将被保留和传播，不断丰富整个文化的知识库。

⑦ 重复迭代，重复执行步骤③至步骤⑥，直到满足停止准则，如达到最大迭代次数或找到满意的解。

文化算法通过个体层和文化层之间的相互作用和学习，充分利用了集体智慧和知识共享的优势。它能够在解空间中进行全局搜索，并通过文化学习和知识传播来提高搜索效率和优化结果。

教学优化算法是一种基于教学过程的启发式优化算法，模拟了教师和学生之间的交互学习过程。它通过模拟教学中的教师和学生的角色，以及他们之间的信息交流和知识传递方式，来优化问题的解空间。TLO 算法中的个体被称为学生，每个学生代表解空间中的一个候选解。同时，算法引入了教师个体，代表当前最优解或历史最优解。学生个体通过与教师和其他学生的交互学习，逐步优化自己的解。TLO 算法的基本步骤如下：

① 初始化学生个体，随机生成一组学生个体，每个个体表示一个候选解。

② 评估适应度，根据问题的适应度函数计算每个学生个体的适应度值，用于衡量个体的优劣。

③ 教师个体更新，根据当前最优解或历史最优解，更新教师个体的位置和适应度值。

④ 学生个体学习，每个学生个体通过与教师和其他学生的交互学习来更新自身的位置。学生可以通过局部搜索、邻域搜索或其他优化方法来改进自己的解决方案。

⑤ 信息交流，学生个体之间通过信息交流来共享知识和经验。学生可以在搜索过程中交流信息、更新自己的解，并受益于其他学生的经验。

⑥ 重复迭代，重复执行步骤③至步骤⑤，直到满足停止准则，如达到最大迭代次数或找到满意的解。

TLO 算法通过模拟教学过程中的交互学习和知识传递，充分利用了群体智慧和经验共享的优势。它能够在解空间中进行全局搜索，并通过学生个体之间的交互学习来提高搜索效率和优化结果。

(5) 基于生物学的算法

该类算法的设计灵感来源于生物学机制，如病毒的进化机制和植株的繁殖过程等。病毒种群搜索(virus colony search，VCS)算法和入侵野草优化(invasive weed optimization，IWO)算法是较为常见的基于生物学的元启发式算法。

病毒种群搜索算法的灵感来源于病毒在生物学中的传播和演化过程，它模拟了病毒寻找宿主并进行复制的行为，用于解决优化问题。VCS 算法中的个体被称为病毒，每个病毒代表解空间中的一个候选解。病毒个体通过寻找适应度较高的宿主个体来进行繁殖和演化。VCS 算法的基本步骤如下：

① 初始化病毒种群，随机生成一组病毒个体，每个个体表示一个候选解。

② 评估适应度，根据问题的适应度函数计算每个病毒个体的适应度值，用于衡量个体的优劣。

③ 选择宿主，每个病毒个体通过选择适应度较高的宿主个体来进行繁殖。选择宿主的概率可以根据宿主个体的适应度值进行调整。

④ 繁殖和变异，选择的病毒个体通过复制和变异来生成新的病毒个体。复制过程通过采用交叉和变异等操作，以产生多样性的后代。

⑤ 重复迭代，重复执行步骤②至步骤④，直到满足停止准则，如达到最大迭代次数或找到满意的解。

VCS 算法通过模拟病毒的传播和演化过程，具有一定的全局搜索能力和自适应性。它能够在解空间中进行多样化的探索，并通过繁殖和变异过程引入新的解决方案。

入侵野草优化算法的灵感来源于野草的繁殖和扩散过程，它模拟了野草在资源竞争和环境适应中的行为，用于解决优化问题。IWO 算法中的个体被称为野草种子，每个种子代表解空间中的一个候选解。种子个体通过竞争和繁殖来逐步优化自己的解。IWO 算法的基本步骤如下：

① 初始化野草种群，随机生成一组野草种子，每个种子表示一个候选解。

② 评估适应度，根据问题的适应度函数计算每个野草种子的适应度值，用于衡量个体的优劣。

③ 选择入侵者，根据适应度值选择一部分适应度较高的种子作为入侵者，它们代表当前最优解或有潜力的解。

④ 扩散和竞争，入侵者种子通过扩散和竞争来寻找新的位置。扩散过程可以通过变异或随机移动来实现，竞争过程则通过与其他种子进行比较来确定是否移动到新位置。

⑤ 种群更新，根据竞争结果，更新种群中的种子位置和适应度值。

⑥ 重复迭代，重复执行步骤②至步骤⑤，直到满足停止准则，如达到最大迭代次数或找到满意的解。

IWO 算法通过模拟野草的繁殖和扩散过程，具有一定的全局搜索能力和自适应性。它能够在解空间中进行多样化的探索，并通过种子的竞争和繁殖过程引入新的解决方案。

(6) 基于系统的算法

该类算法的设计灵感来源于自然系统。水循环算法(water cycle algorithm，WCA)是较为常见的基于系统的元启发式算法，其设计灵感来源于大自然水循环过程中溪流、江河、湖泊等流向海洋的水循环过程。水循环算法中的个体被称为水滴，每个水滴代表解空间中的一个候选解。水滴个体通过模拟水在地表流动、蒸发和降雨的行为来进行搜索和优化。WCA 的基本步骤如下：

① 初始化水滴群体，随机生成一组水滴个体，每个个体表示一个候选解。

② 评估适应度，根据问题的适应度函数计算每个水滴个体的适应度值，用于衡量个体的优劣。

③ 降雨过程，根据适应度值决定水滴个体是否发生降雨。适应度值较高的个体更有可能发生降雨，生成新的水滴个体。

④ 水流过程，根据降雨量和水滴个体之间的距离，更新水滴个体的位置。较高降雨量的水滴个体更有可能流向适应度较低的区域，以探索新的解空间。

⑤ 蒸发过程，通过蒸发操作减少水滴个体的降雨量。蒸发率可以根据迭代次数进行调整，以控制算法的收敛性和多样性。

⑥ 重复迭代，重复执行步骤②至步骤⑤，直到满足停止准则，如达到最大迭代次数或找到满意的解。

WCA 通过模拟水的循环过程，具有一定的全局搜索能力和自适应性。它能够在解空间中进行多样化的探索，并通过水滴个体之间的流动和降雨过程引入新的解决方案。

(7) 基于数学的算法

该类算法的设计灵感来源于数学过程。算术优化算法(arithmetic optimization algorithm，AOA)为一种根据算术操作符的分布特性实现全局寻优的基于数学的元启发式算法，该算法中利用乘法策略和除法策略进行全局搜索，提高解的分散性，利用加法策略和减法策略降低解的分散性，加强算法的局部寻优能力。AOA 的基本步骤如下：

① 初始化种群，随机生成一组初始解，表示为算术表达式或数值。

② 评估适应度，根据问题的适应度函数计算每个解的适应度值，用于衡量解的优劣。

③ 算术运算，通过基本的算术运算（加法、减法、乘法和除法），生成新的解。可以使用随机选择的父代解，进行交叉和变异操作。

④ 选择操作，根据适应度值选择一定数量的解作为下一代种群。可以使用选择算法（如轮盘赌选择）来确定解的选择概率。

⑤ 重复迭代，重复执行步骤②至步骤④，直到满足停止准则，如达到最大迭代次数或找到满意的解。

AOA 通过基本的算术运算，探索解空间并生成新的解决方案。它具有较强的局部搜索能力，并且易于实现和理解。然而，算法的性能和收敛速度受到参数设置和选择操作的影响。

(8) 基于音乐的算法

该类算法的设计灵感来源于音乐过程。和声搜索（harmony search，HS）算法是较为常见的基于音乐的元启发式算法，该算法是对音乐家通过反复调整不同乐器音调使之最终达到最美和声这一过程的模拟。HS 算法中的个体被称为和声个体，每个和声个体代表解空间中的一个候选解。和声个体通过模拟音乐创作过程中的和声构建和演化来进行搜索和优化。HS 算法的基本步骤如下：

① 初始化和声群体，随机生成一组和声个体，每个个体表示一个候选解。

② 评估适应度，根据问题的适应度函数计算每个和声个体的适应度值，用于衡量个体的优劣。

③ 和声调整，通过调整和声个体的音符，生成新的和声个体。可以使用随机选择的父代个体，进行交叉和变异操作。

④ 选择操作，根据适应度值选择一定数量的个体作为下一代和声群体。可以使用选择算法（如轮盘赌选择）来确定个体的选择概率。

⑤ 重复迭代，重复执行步骤②至步骤④，直到满足停止准则，如达到最大迭代次数或找到满意的解。

HS 算法通过模拟和声构建和演化的过程，具有一定的全局搜索能力和自适应性。它能够在解空间中进行多样化的探索，并通过和声调整和选择操作引入新的解决方案。

综上所述，根据设计灵感来源，元启发式算法分为较多的种类，但是其基本过程大致可以分为 4 步。

步骤①：在 D 维搜索空间中随机初始化 N 个可能的解。

$$x_{i,j}^{\text{ini}} = x_{i,j}^{\min} + \text{rand}_{i,j} \times (x_{i,j}^{\max} - x_{i,j}^{\min}) \tag{7-2}$$

式中，$i=1,2,\cdots,N$；$j=1,2,\cdots,D$；$x_{i,j}^{\text{ini}}$ 为第 i 个解在第 j 维空间的初始位置；$x_{i,j}^{\max}$ 和 $x_{i,j}^{\min}$ 为第 i 个解在第 j 维搜索空间的最大值和最小值。

步骤②：使用预定义的适应度函数评估当前解。

步骤③：根据每个元启发式算法更新策略生成下一个可能的解决方案。

步骤④：检查终止标准。如果满足终止条件，则输出最优解；否则，重复步骤②和步骤③。

常见的元启发式算法及其在地质灾害智能评估中的应用如表 7-1 所示。

表 7-1　常见的元启发式算法及其在地质灾害智能评估中的应用

元启发式算法	灵感来源	地质灾害领域应用	评价策略	是否验证	结果
基因算法(GA)	自然生物选择过程	三峡库区白水河滑坡位移预测	R^2 和 RMSE 单次比较	否	GA-SVR>PSO-SVR>GS-SVR
		滑坡易发性预测	AUROC，classification rate，κ，MAE，RAE，RMSE，和 RRSE 单次比较	否	GA-MLP>PSO-MLP>ACO-MLP
粒子群优化(PSO)算法	群体搜索行为	三峡库区八字门滑坡位移预测	MAPE 和 RMSE 单次比较	否	PSO-SVR>GA-SVR>BP>GS-SVR
		云南鲁甸滑坡易发性评价	AUROC、MSE 和 RMSE 单次比较	否	PSO-ANFIS>ACO-ANFIS>GA-ANFIS
		三峡库区白水河滑坡位移预测	CWC、PICP 和 PINRW 多次比较	是（k 折交叉验证）	DES-PSO-ELM>Bootstrap-ELM-ANN>PSO-ELM>PSO-ANN
人工蜂群(ABC)算法	蜜蜂觅食行为	三峡库区白水河滑坡位移预测	MAPE、R^2 和 RMSE 单次比较	否	ABC-SVR>GA-SVR>PSO-SVR
		尼泊尔 Kathmandu-Trishuli 高速公路滑坡变形预测	R^2 和 RMSE 单次比较	否	ABC-GEP>GEP
		三峡库区树坪滑坡位移预测	RMSE、MAPE 和 R 单次比较	否	ABC-KELM>ELM>SVR
蚁群优化(ACO)算法	蚂蚁觅食行为	三峡库区白水河滑坡位移预测	R^2 和 RMSE 单次比较	否	ACO-SVR>GA-SVR
灰狼优化(GWO)算法	灰狼觅食行为	三峡库区白水河滑坡位移预测	R^2、RMSE 和 MAPE 单次比较	否	GWO-KELM>GWO-SVM>ELM
鲸群优化算法(WOA)	鲸鱼觅食行为	江西省安远县滑坡易发性评价	RMSE 和 AUROC 单次比较	否	GWO-ANFIS>WOA-ANFIS>PSO-ANFIS>ANFIS
斑鬣狗优化(SHO)算法	斑鬣狗的社会行为	越南 Trung Luong 高速公路土体抗剪强度预测	R^2、RMSE 和 MAE 单次比较	否	SHO-ANN>ANN
蝴蝶优化算法(BOA)	蝴蝶的觅食行为	边坡稳定性分析的岩土参数优化	稳定性系数最小值单次比较	否	BOA>PSO
哈里斯鹰优化(HHO)算法	哈里斯鹰在自然界中的行为	黏土的摩擦角预测	MSE、RMSE、R^2、MAPE 和 VAF 单次比较	否	HHO-MLP>MLP>SVM>RF
探路者优化算法(PFA)	群体的领导层级	裂缝探测	非参数测试	否	PFA>GWO>WOA

表 7-1(续)

元启发式算法	灵感来源	地质灾害领域应用	评价策略	是否验证	结果
麻雀搜索算法(SSA)	麻雀的觅食行为与反捕食行为	新庄子煤矿突水类型识别	MRE、R^2 和 RMSE 单次比较	否	SSA-BP>PSO-BP
多元宇宙优化(MVO)算法	天体物理学中的多元宇宙理论	边坡稳定性临界滑动面捕获	稳定性系数最小值单次比较		MVO>{GA,PSO,ACO,ABC}
核反应优化(NRO)算法	核反应过程	印度瑙拉流域的流量时间序列预测	非参数测试		NRO-MLP>WOA-MLP>MVO-MLP>PSO-MLP>GA-MLP>GWO-MLP
文化算法(CA)	人类社会进化的原理	三峡葛洲坝梯级水电站防洪电站优化运行			基于 CA 的三种算法均能取得最佳值
教学优化(TLO)算法	教师对学习者的影响	陕西麟游县滑坡易发性预测	RMSE 和 AUROC 单次比较	否	TLO-ANFIS>ANFIS
入侵野草优化(IWO)算法	杂草增殖	马来西亚 Raw Water Tunnel 花岗岩样品的抗拉强度预测	R^2、RMSE 和 VAF 单次比较	否	IWO-ANN>ABC-ANN
病毒种群搜索(VCS)算法	细胞环境中的病毒扩散和感染	考虑环境污染和绿色排放的供应链设计			VCS>GA
水循环算法(WCA)	溪流和河流流入大海的过程	三峡库区椰树塆滑坡位移预测	MAPE 和 RMSE 单次比较	否	WCA-BP>ELM>SVM>BP
算术优化算法(AOA)	数学计算中算术运算符的行为	桩侧挠度预测	R^2、RMSE 和 VAF 单次比较	否	AOA-ENN>ENN>PSO-ANN
和声搜索(HS)算法	音乐过程	边坡稳定性分析			

7.2 基于元启发式算法和支持向量回归的滑坡位移预测非参数检验

7.2.1 元启发式算法优化的支持向量回归

已有研究表明，支持向量回归模型的精度和泛化能力受到不敏感参数、正则化常数等超参数的影响。核函数的作用是进行特征转换，通过间接的数据维度转换将低维数据映射到高维空间，以实现线性可分。核函数的选择直接影响预测效果。不敏感参数 ε 决定间隔带的宽度，从而影响支持向量的数量。不敏感参数值越大，函数越平滑，对噪声的敏感性越低，但相应的非线性效能越低，容易出现欠拟合问题；当而不敏感参数过小时，模型的复杂度急剧增加，容易出现过拟合问题，导致泛化能力较弱。正则化常数 C 影响训练误差，其值会影响对样本中离散数据点的处理。当正则化常数越大时，模型拟合非线性的能力越强，正则化常数对模型的精度和泛化能力起着重要作用。

然而，目前仍然缺乏超参数和最终效果之间的明确关联，超参数的选择仍然是应用支持向量回归时的一个难题。目前，超参数的选择通常需要通过人工反复试验来完成，这个过程效率低且很难获得令人满意的结果。本研究通过元启发式算法开展支持向量回归的超参数优化。其主要步骤如下：

步骤①：随机初始化 N 个可能的解。每个单独的解由 SVR 的惩罚参数和高斯核宽度组成。

步骤②：估计每个解的 SVR 输出。

步骤③：评估每个解的适应度(fitness)。

步骤④：通过实现元启发式算法运算符生成下一个可能的解决方案。

步骤⑤：检查终止标准。如果满足终止准则，则输出最佳个体作为解；否则，重复步骤②至步骤④。

7.2.2 *k* 折交叉验证

交叉验证是一种常用的评估机器学习泛化能力的统计学方法。其基本思路是将原始数据分割为 k 折子样本，模型训练依次选用每一折子样本作为测试集，其余 $k-1$ 折子样本作为训练集用于训练模型，重复上述交叉验证 k 次，通过求平均值的方法将 k 次验证后得到的实验结果结合起来得到最终的预测结果。

k 折交叉验证具体的步骤如下：

① 将原始数据集分割为 k 个大小相等的子集，通常使用随机划分保持数据分布的一致性。

② 对于每个子集 i，在剩余的 $k-1$ 个子集上训练模型，并在子集 i 上进行评估，得到模型在子集 i 上的性能指标(如准确率、精确率、召回率等)。

③ 重复步骤②，直到每个子集都作为验证集得到了性能评估结果。

④ 对 k 次评估结果进行平均或求和，得到最终的模型性能评估指标。

上述交叉验证过程使得所有数据都能被用于模型训练，具有更加稳定和全面的优点。

7.2.3　非参数检验

当多个方法的平均性能值不同的时候，我们不能仅凭平均性能值的差异来判别不同方法的优劣，因为这种性能差异也可能是随机性造成的。在这种情况下，可以采用非参数检验来确定不同方法之间的性能差异是随机的还是具有统计学意义的。

本研究中采用非参数费里德曼(Friedman)检验结合内梅尼(Nemenyi)事后检验来解决多种算法之间的比较问题。非参数的多元假设检验 Friedman 检验是一种基于秩次的检验方法，它假设所有样本的排序均值相等。具体而言，首先对不同算法在每个数据集上进行排序，并计算某一算法在所有数据集上的平均排名。如果所有算法之间没有性能差异，它们的平均排名应该是相等的，这样就可以使用特定的置信区间来判断差异是否具有统计学意义。

假定数据集个数为 T，需要比较的算法为 k，Friedman 检验统计量由式(7-3)得到。

$$F_{\mathrm{f}} = \frac{12T}{k(k+1)}\left[\sum_{j} R_j^2 - \frac{k(k+1)^2}{4}\right] \tag{7-3}$$

式中，R_j 为第 i 个算法的平均序值，可由式(7-4)得到。

$$R_j = \frac{1}{T}\sum_{i} r_i^j \tag{7-4}$$

如果所有算法的性能相同这个假设被拒绝，则表示不同方法之间的性能差异是非随机的，这时需要后续检验来进一步区分各算法，以检验哪个具体方法和其他方法有显著性差异。

Nemenyi 检验使用每一种方法的平均排名来检查它们之间的排名差异是否超过一个临界值域(critical difference，CD)，如果该差值大于临界值域，则可以认为它们在多个数据集上的性能存在显著差异。临界值域定义为：

$$\mathrm{CD} = q_{\alpha}\sqrt{\frac{k(k+1)}{6T}} \tag{7-5}$$

如果排名差异值小于临界值域 CD，Nemenyi 事后检验将这些方法划分为同一组，即它们之间没有显著性差异。例如，图 7-2 中算法 1 和算法 2 的平均序值之差小于临界值域 CD，则所有的方法都属于一个组(用横线连接起来)，算法 3 和算法 4 的平均序值之差超过临界值域 CD，则以相应的置信度 α 拒绝“两个模型性能相同”这一假设，即两个模型的性能显著不同。

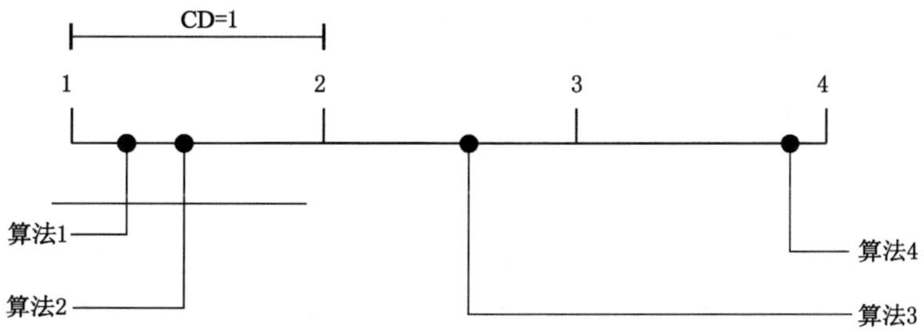

图 7-2　Nemenyi 检验示意

7.3 元启发优化支持向量回归位移预测非参数检验实例分析

7.3.1 元启发式算法优化模型非参数检验

本节选用三峡库区典型阶跃式滑坡实例——树坪滑坡开展了元启发式算法的非参数检验。选取了监测点 ZG85 和 ZG88 在 2007 年 1 月至 2012 年 12 月的监测数据(图 7-3)进行滑坡位移预测。共包括以下几步。

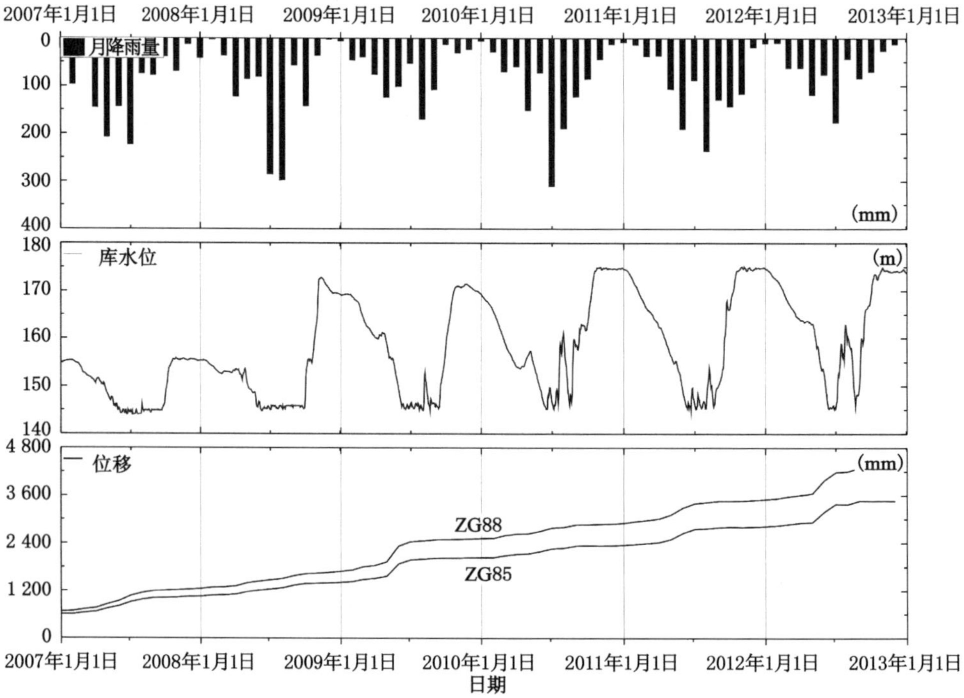

图 7-3 树坪滑坡降雨-库水位-位移监测数据

(1) 数据准备:本研究共选择水库水位、水库变化、降雨量和滑坡演化状态等因子作为滑坡位移预测的输入项。

(2) 交叉验证:采用 k 交叉验证提高模型的鲁棒性。在交叉验证过程中,原始数据集被随机分成 k 个子数据集。其中 $k-1$ 个子数据集被选择用于支持向量回归模型的训练,剩余 1 折子样本作为测试集,计算预测值与实测值之间的归一化均方误差 NMSE。在本研究中,采用了常用的 4 折交叉验证,并将数据集按照 80%∶20%划分为训练集和测试集。

(3) 元启发式优化支持向量回归:采用表 7-1 中所列的元启发式算法开展支持向量回归超参数优化。优化的超参数主要包括惩罚参数和高斯核宽度。元启发式算法的适应度采用 k 折交叉验证的归一化均方误差,表示为:

$$\text{fitness} = \frac{1}{k}\sum_{i=1}^{k}\text{NMSE}_i \tag{7-6}$$

惩罚参数和高斯核宽度的搜索范围分别设置为［0,100］和［0,1 000］。针对这 20 个元启发式算法，根据以前研究，元启发式算法种群数量和最大迭代次数分别设置为 20 和 200。上述超参数过程运行 100 次。运行过程中记录了平均绝对误差 MAE、均方根误差 RMSE、Kling-Gupta 效率系数 KGE 和运行时间。

（4）非参数检验：采用 Friedman 和 Nemenyi 事后检验对获取的评价指标开展非参数检验，检验元启发式算法之间是否存在显著性差异。

以上计算过程使用 Python 3.8 在 Windows 子系统 Ubuntu 20.04 中运行，运行电脑配置为 Intel Core i9-10900K @3.7 GHz 处理器和 64 GB 内存。此外，采用 9 线程并行运算使计算加速。基于元启发式算法和支持向量回归的滑坡位移预测非参数检验示意如图 7-4 所示。

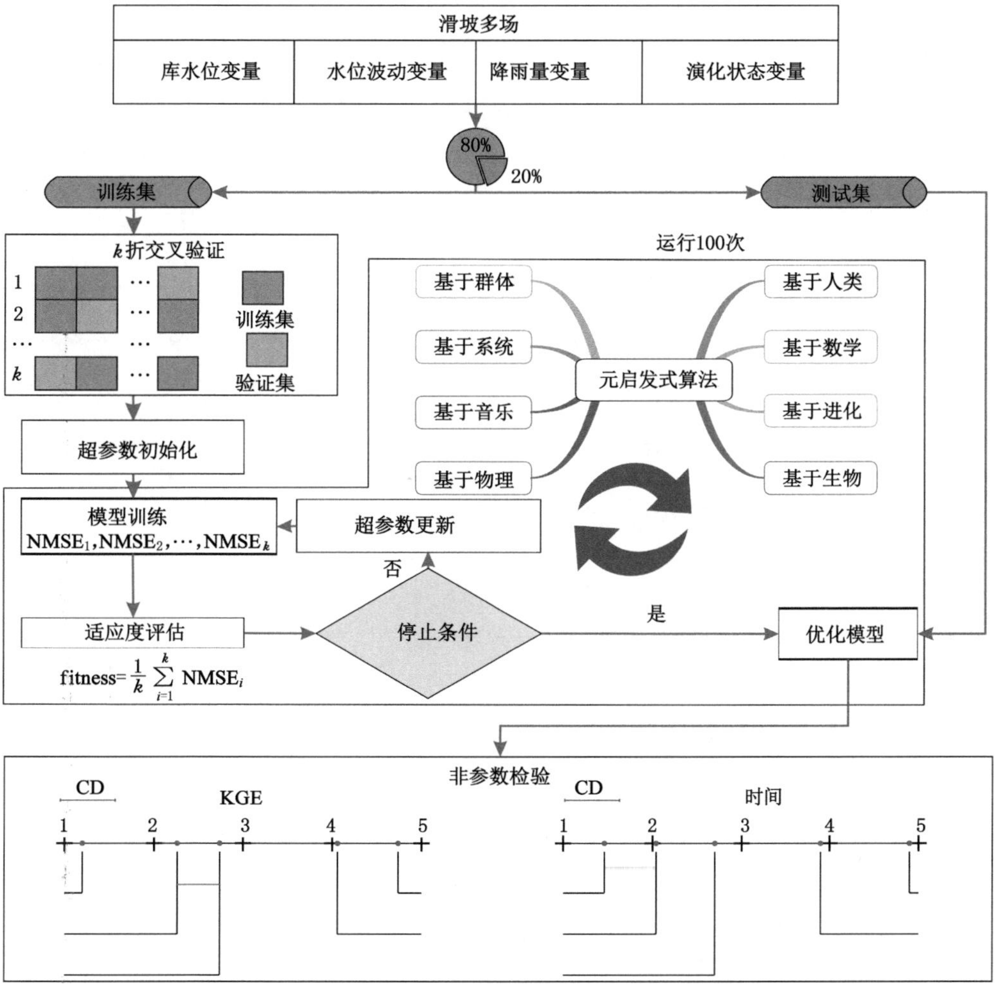

图 7-4　基于元启发式算法和支持向量回归的滑坡位移预测非参数检验示意图

7.3.2 统计结果

图 7-5 展示了 2012 年 4 月至 2012 年 8 月期间使用元启发式算法优化支持向量回归的预测结果。结果显示，由于元启发式算法中的随机更新策略，同一算法不可能提供完全相同的输出。基于核密度估计，我们可以构建 100 次运行预测位移的概率密度函数。为量化其中的不确定性能够基于概率密度函数 $\alpha/2$ 和 $1-\alpha/2$ 分位数，构造置信水平为$(1-\alpha)\times100\%$的预测区间。

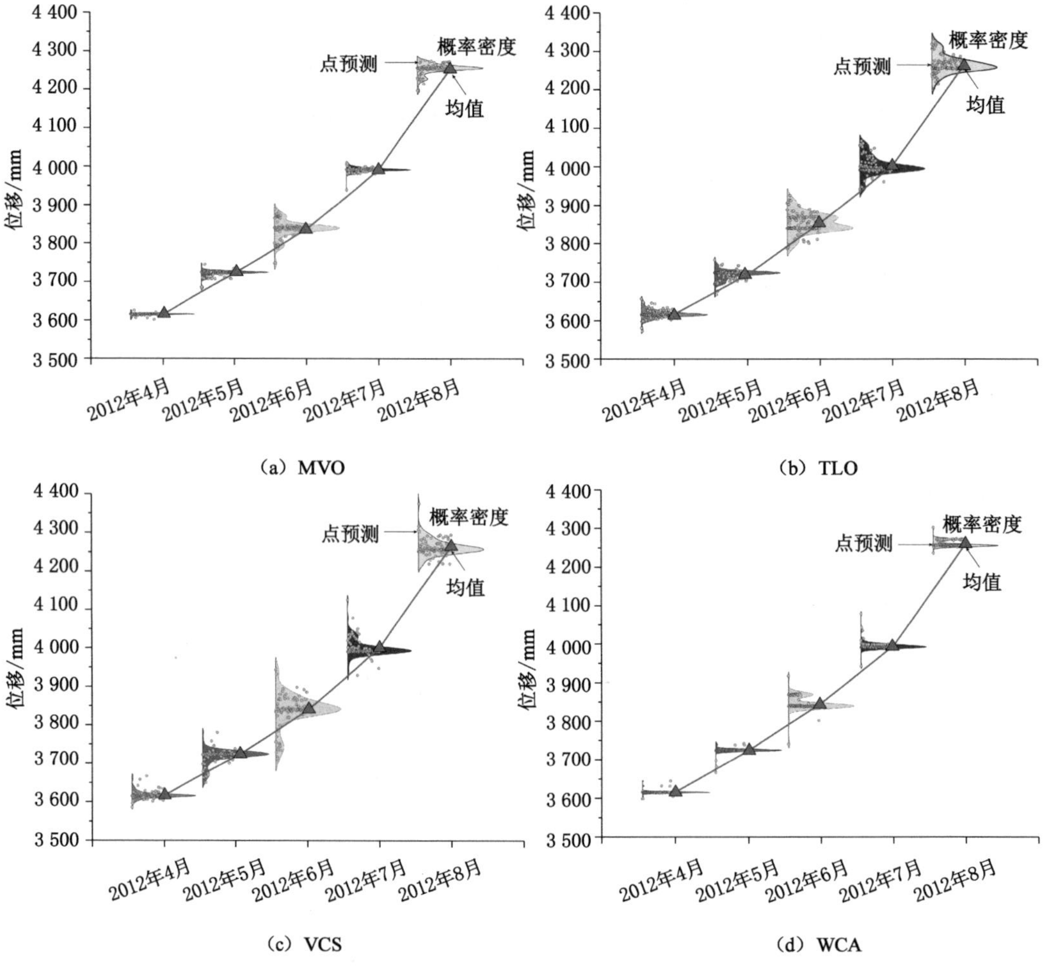

(a) MVO　(b) TLO　(c) VCS　(d) WCA

图 7-5　预测成果概率密度函数与置信度 95%预测区间

表 7-2 展示了经过 100 次元启发式算法优化支持向量回归的评价指标的统计特征，包括平均值、方差和最差值等。该统计特征显示，经过 MVO、VCS 和 WCA 优化的支持向量回归模型在评价指标 MAE、RMSE 和 KGE 的平均值上表现较好，而 TLO 优化的支持向量回归在评价指标 RMSE 和 KGE 的平均值上也表现出良好的预测性能。在计算效率方面，AOA、BOA、PFA 和 PSO 优化的支持向量回归模型表现出色。然而，各评价指标的平均值较为接近，说明各元启发式算法在平均预测性能上具有相似的表现。

表 7-2　元启发式算法优化支持向量回归评价指标统计特征

元启发式算法	统计特征	指标							
		MAE		RMSE		KGE		计算时间	
		ZG85	ZG88	ZG85	ZG88	ZG85	ZG88	ZG85	ZG88
ABC	平均值	24.691 5	26.042 7	50.896 9	53.706 1	0.976 9	0.984 2	33.318 5	35.556 6
	方差	0.099 8	0.979 3	0.114 8	0.431 2	0.000 4	0.000 6	1.267 5	1.045 9
	最差值	24.920 2	35.463 7	51.157 1	54.874 1	0.976 9	0.982 6	36.955 8	37.098 3
ACO	平均值	24.684 8	26.187 7	50.875 8	53.544 0	0.976 9	0.984 5	42.564 2	59.391 7
	方差	0.110 4	3.429 9	0.169 4	0.282 4	0.000 3	0.000 4	3.617 5	2.070 1
	最差值	24.807 7	60.274 4	51.026 1	54.866 4	0.976 9	0.982 7	63.428 6	61.881 2
AOA	平均值	24.937 8	27.304 2	51.152 3	56.088 6	0.976 7	0.981 4	13.915 8	14.443 3
	方差	3.529 3	2.041 1	5.163 1	2.445 0	0.006 2	0.003 1	1.561 5	2.189 3
	最差值	55.370 1	33.062 6	96.151 1	63.771 5	0.977 0	0.972 6	21.344 3	27.239 0
BOA	平均值	58.550 0	61.781 8	109.267 2	129.661 8	0.923 5	0.933 3	12.745 6	12.596 8
	方差	79.822 2	78.579 8	115.380 6	165.986 6	0.112 4	0.100 4	0.552 1	0.528 7
	最差值	498.256 7	502.325 1	583.124 3	831.088 8	0.971 2	0.404 2	14.273 9	13.808 7
CA	平均值	29.096 8	37.364 1	60.126 1	78.719 3	0.969 0	0.967 1	17.693 3	16.929 6
	方差	13.125 9	35.015 1	32.969 2	84.661 0	0.025 5	0.047 3	5.490 3	3.329 5
	最差值	116.419 1	315.374 1	284.196 0	727.172 2	0.976 4	0.607 9	44.421 2	32.294 0
GA	平均值	25.027 0	27.748 8	51.236 1	56.447 4	0.976 0	0.980 9	16.384 5	17.267 5
	方差	0.746 5	1.943 7	0.880 6	2.381 9	0.002 0	0.002 9	1.534 4	2.044 9
	最差值	28.003 2	34.228 0	54.728 2	65.002 2	0.976 2	0.971 1	21.471 9	23.436 9
GWO	平均值	24.462 2	25.617 4	50.340 6	52.913 5	0.977 8	0.985 7	21.562 7	36.875 1
	方差	2.105 0	3.542 4	3.144 9	5.295 2	0.004 4	0.006 0	8.118 5	13.480 3
	最差值	42.368 9	52.362 2	75.032 5	92.268 7	0.976 9	0.946 7	54.054 3	93.440 0

表 7-2(续)

元启发式算法	统计特征	指标							
		MAE		RMSE		KGE		计算时间	
		ZG85	ZG88	ZG85	ZG88	ZG85	ZG88	ZG85	ZG88
HHO	平均值	24.026 1	25.863 1	49.642 5	53.534 0	0.978 9	0.984 5	24.877 9	36.807 9
	方差	1.176 2	1.306 1	2.178 5	2.164 6	0.003 4	0.003 0	16.326 6	53.126 7
	最差值	25.074 2	27.104 6	51.373 6	55.215 9	0.977 0	0.982 3	102.657 6	490.562 6
HS	平均值	24.449 1	26.659 8	50.547 8	54.486 0	0.977 7	0.983 3	43.014 9	51.067 2
	方差	0.432 6	2.248 3	0.658 4	0.751 8	0.001 2	0.000 9	3.880 8	4.419 0
	最差值	25.110 1	48.528 5	51.386 8	58.745 0	0.977 7	0.979 2	53.879 1	59.431 0
IWO	平均值	24.690 6	26.594 4	50.890 4	53.486 3	0.976 9	0.984 6	85.003 7	115.035 4
	方差	0.041 2	7.922 3	0.054 7	0.104 2	0.000 2	0.000 1	3.152 0	5.564 4
	最差值	24.803 3	105.421 6	51.038 4	54.043 3	0.976 9	0.983 8	91.300 2	125.926 5
MVO	平均值	23.508 6	23.936 0	48.694 6	50.188 2	0.980 3	0.989 3	16.804 9	29.628 9
	方差	1.323 9	1.435 0	2.448 3	2.270 6	0.003 8	0.003 2	10.161 5	40.730 9
	最差值	25.081 2	28.310 4	51.387 8	57.869 5	0.977 7	0.979 3	99.823 2	257.634 6
NRO	平均值	24.686 5	26.197 4	50.884 5	53.576 3	0.976 9	0.984 4	48.140 4	58.596 0
	方差	0.046 3	3.339 3	0.058 9	0.166 7	0.000 2	0.000 2	1.439 7	1.667 4
	最差值	24.793 5	59.413 4	51.028 5	54.054 3	0.976 9	0.983 7	50.658 4	61.900 4
PFA	平均值	23.918 6	25.953 3	49.463 7	53.845 8	0.979 1	0.984 1	14.094 6	14.092 4
	方差	0.875 6	1.344 4	1.721 9	0.967 4	0.002 5	0.001 2	0.432 5	0.448 0
	最差值	25.171 9	28.760 2	51.453 8	58.160 3	0.978 3	0.978 9	15.029 5	14.828 7
PSO	平均值	24.632 3	25.962 1	50.821 3	53.923 1	0.977 2	0.984 0	15.721 7	14.943 1
	方差	0.259 8	1.105 1	0.435 8	0.450 8	0.000 8	0.000 6	0.811 8	0.737 7
	最差值	24.995 6	26.735 9	51.226 7	54.979 7	0.977 1	0.982 6	18.191 5	17.567 2

表 7-2(续)

元启发式算法	统计特征	指标							
		MAE		RMSE		KGE		计算时间	
		ZG85	ZG88	ZG85	ZG88	ZG85	ZG88	ZG85	ZG88
SHO	平均值	45.146 7	58.910 2	86.141 8	108.433 5	0.943 2	0.942 2	249.685 6	250.759 2
	方差	48.928 6	73.561 7	89.758 8	132.972 7	0.079 0	0.091 2	155.067 9	157.188 0
	最差值	346.163 2	436.813 3	602.900 1	756.638 1	0.972 9	0.485 0	550.226 3	583.068 3
SSA	平均值	24.094 4	25.742 1	49.746 8	53.462 4	0.978 6	0.984 6	18.495 7	20.282 8
	方差	0.862 9	0.538 2	1.675 2	0.177 0	0.002 5	0.000 2	2.074 5	1.581 2
	最差值	24.928 1	26.361 1	51.192 5	54.574 7	0.977 1	0.983 2	23.540 2	24.918 4
TLO	平均值	22.761 1	29.620 7	46.655 5	49.011 0	0.984 0	0.992 3	84.169 0	360.494 9
	方差	1.663 3	45.656 2	1.837 0	2.609 1	0.003 4	0.003 3	106.401 2	304.284 6
	最差值	32.123 9	482.667 3	51.318 9	61.080 8	0.984 4	0.982 8	729.989 2	999.650 3
VCS	平均值	23.061 9	23.938 9	47.806 4	49.110 9	0.981 7	0.990 7	54.499 9	95.511 8
	方差	1.276 7	4.194 0	2.384 3	1.638 3	0.003 9	0.002 0	20.163 1	95.266 2
	最差值	24.786 6	62.770 4	50.990 7	57.867 4	0.984 2	0.982 3	243.050 4	522.033 6
WCA	平均值	23.674 7	25.578 8	47.955 7	50.516 9	0.982 3	0.991 2	93.116 7	174.785 8
	方差	2.028 4	4.161 2	3.057 6	4.370 7	0.005 4	0.004 0	206.076 0	230.708 5
	最差值	32.090 8	41.066 9	53.305 2	66.044 2	0.984 0	0.971 8	1 060.114 6	1 028.900 2
WOA	平均值	24.692 8	25.976 9	50.897 7	53.599 6	0.977 0	0.984 4	32.975 2	35.291 0
	方差	0.112 5	0.948 9	0.126 1	0.290 9	0.000 5	0.000 4	1.045 0	0.930 5
	最差值	25.006 9	35.271 2	51.242 2	54.812 4	0.976 9	0.982 8	35.096 8	36.608 2

7.3.3 模型显著性检验

基于 Friedman 检验的元启发式算法性能排序如表 7-3 所示。Friedman 检验结果显示，P 值小于 0.05，表明元启发式算法之间存在显著的性能差异。因此，进行了 Nemenyi 事后检验，并计算了临界距离。在表 7-3 中，横线连接的算法表示其算法序值之间的距离小于临界距离，表明这些模型之间的差异不显著。

表 7-3 元启发式算法优化支持向量回归评价指标统计特征

<table>
<tr><td>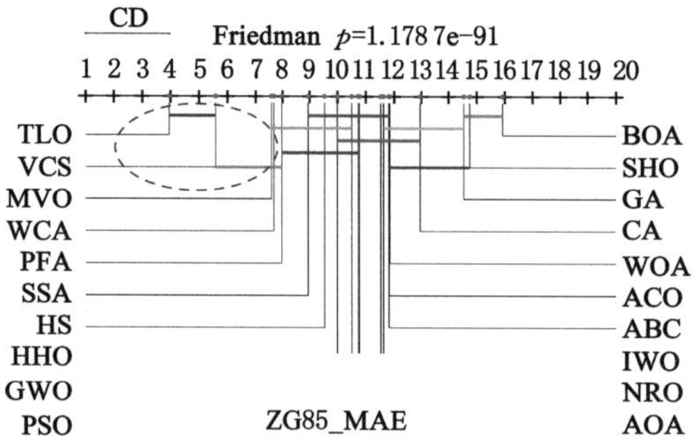
</td><td>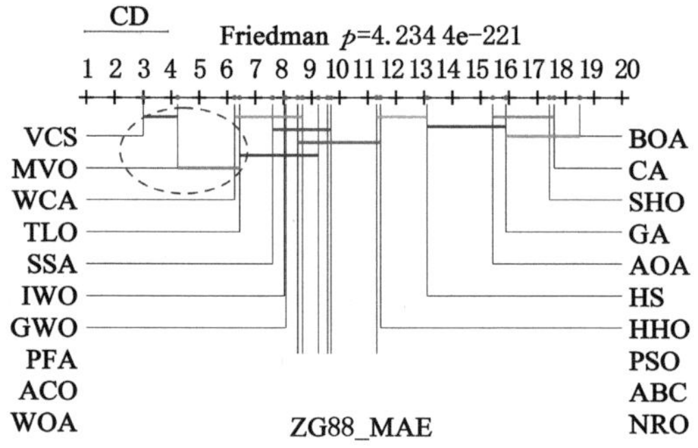
</td></tr>
<tr><td>算法排序：TLO，VCS，MVO，WCA，PFA，SSA，HS，HHO，GWO，PSO，AOA，NRO，IWO，ABC，ACO，WOA，CA，GA，SHO，BOA</td><td>算法排序：VCS，MVO，WCA，TLO，SSA，IWO，GWO，PFA，ACO，WOA，NRO，ABC，PSO，HHO，HS，AOA，GA，SHO，CA，BOA</td></tr>
<tr><td>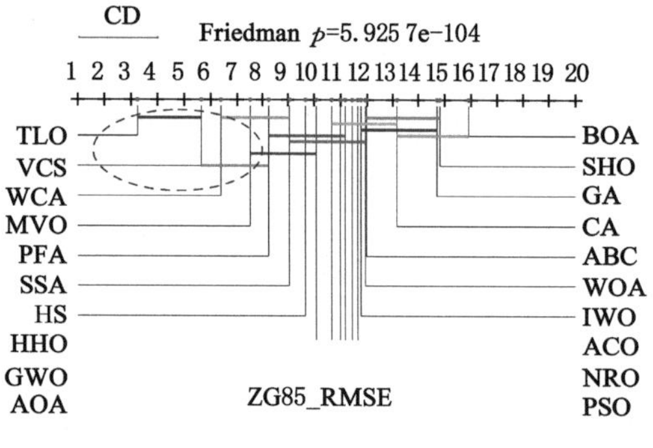
</td><td>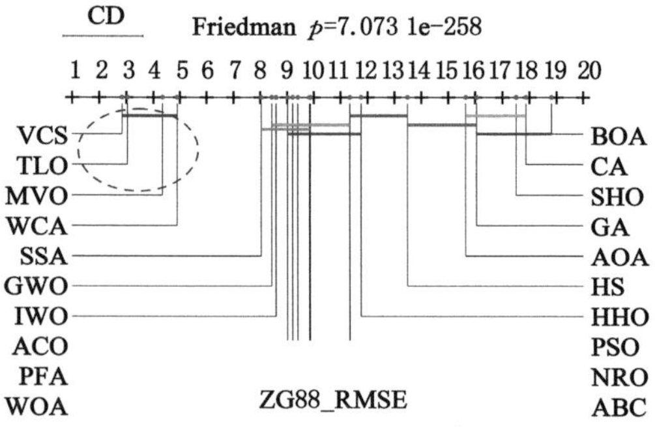
</td></tr>
<tr><td>算法排序：TLO，VCS，WCA，MVO，PFA，SSA，HS，HHO，GWO，AOA，PSO，NRO，ACO，IWO，WOA，ABC，CA，GA，SHO，BOA</td><td>算法排序：VCS，TLO，MVO，WCA，SSA，GWO，IWO，ACO，PFA，WOA，ABC，NRO，PSO，HHO，HS，AOA，GA，SHO，CA，BOA</td></tr>
</table>

表 7-3(续)

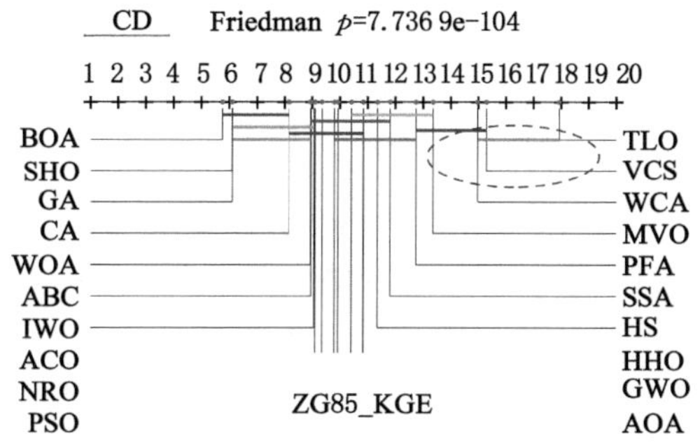 	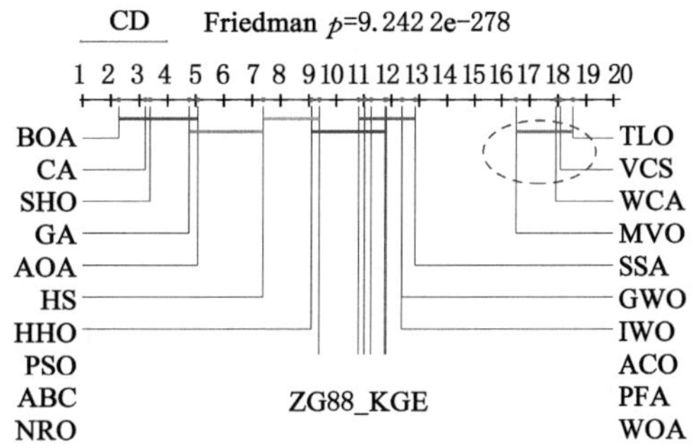
算法排序：TLO，VCS，WCA，MVO，PFA，SSA，HS，HHO，GWO，AOA，PSO，NRO，ACO，IWO，ABC，WOA，CA，GA，SHO，BOA	算法排序：TLO，VCS，WCA，MVO，SSA，GWO，IWO，ACO，PFA，WOA，NRO，ABC，PSO，HHO，HS，AOA，GA，SHO，CA，BOA
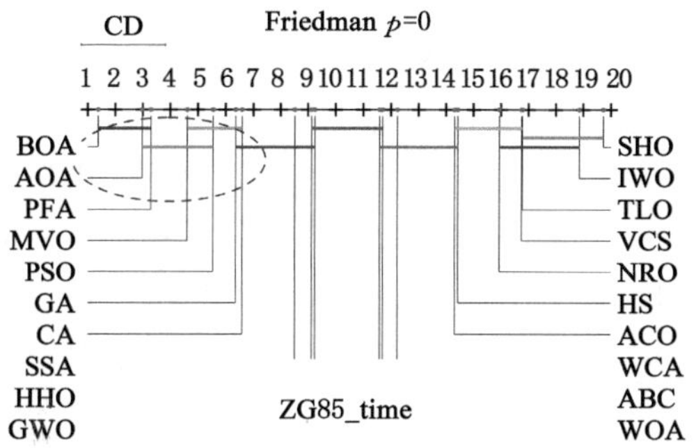 	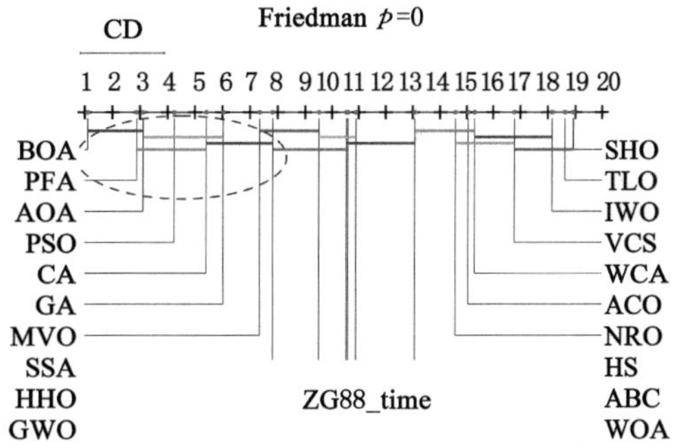
算法排序：BOA，AOA，PFA，MVO，PSO，GA，CA，SSA，HHO，GWO，WOA，ABC，WCA，ACO，HS，NRO，VCS，TLO，IWO，SHO	算法排序：BOA，PFA，AOA，PSO，CA，GA，MVO，SSA，HHO，GWO，WOA，ABC，HS，NRO，ACO，WCA，VCS，IWO，TLO，SHO

当采用 MAE 作为评价指标时，对于 ZG85 监测点，TLO、VCS、MVO 和 WCA 是四种最佳算法。其中，TLO 和 VCS 之间的差异不显著，VCS、MVO 和 WCA 之间的差异也不显著。而对于 ZG88 监测点，VCS 和 MVO 是两种最佳算法，两者之间差异不显著，其次是 WCA 和 TLO。MVO、WCA 和 TLO 之间的差异也不显著。

当采用 RMSE 作为评价指标时，对于 ZG85 监测点，TLO、VCS、WCA 和 MVO 是四种最佳算法。其中，TLO 和 VCS 之间的差异不显著，WCA 和 MVO 之间的差异也不显著。而对于 ZG88 监测点，VCS、TLO、MVO 和 WCA 是四种最佳算法。VCS、TLO、MVO 和

WCA 之间的差异也不显著。

当采用 KGE 作为评价指标时，对于监测点 ZG85 和 ZG88，TLO、VCS、WCA 和 MVO 这四种算法均表现出最优的性能。对于监测点 ZG85，最佳算法集由 TLO、VCS 和 WCA 组成，它们之间的算法序值距离小于临界距离 CD。对于监测点 ZG88，最佳算法集包括 TLO、VCS、WCA 和 MVO。

当采用计算时间作为评价指标时，对于监测点 ZG85，BOA、AOA、PFA 和 MVO 是四种最佳算法，而对于监测点 ZG88，BOA、PFA、AOA 和 PSO 相对于其他算法具有更高的计算效率。对于监测点 ZG88 和 ZG85，Nemenyi 事后检验结果显示 BOA、PFA 和 AOA 之间没有显著差异。因此，可以认为 BOA、PFA 和 AOA 的计算效率没有显著差异。

综上所述，TLO、VCS、WCA 和 MVO 表现出了良好的预测性能。特别是 MVO 在性能和计算效率方面都表现出优越性。对于 MVO，其计算复杂度与种群数量(N)、最大迭代数(maxIter)、问题的维数(D)和多重宇宙的排列机制等因素相关。其中快速排序机制和轮盘赌选择机制的时间复杂度分别为 $O(N\times\log N)$ 和 $O(\log N)$。因此总的计算复杂度为 $O(\text{MVO})=O[\text{maxIter}\times(N^2+N\times D\times\log N)]$。在本研究中，基于 MVO 的优化算法在监测点 ZG85 和 ZG88 上的训练平均计算时间分别为 16.80 s 和 29.63 s。结果表明，MVO 的时间复杂度能够满足实际应用的要求。

7.3.4 模型稳定性

如表 7-2 所示，ABC、ACO、IWO、NRO 和 SSA 算法评价指标的方差值均较小，显示了它们在多次运行中的稳定性。监测点 ZG88 预测评价指标箱形图如图 7-6 所示。在图 7-6 中，较宽的置信区间表明参数优化过程的不稳定性。由图 7-6 可以看出，当以 MAE、RMSE 和 KGE 作为评价指标时，SHO、CA 和 BOA 算法的稳定性较差。以 BOA 算法为例，RMSE 的 90%置信区间为[55.109 7，643.747 5]，其置信区间的宽度是 ABC、ACO、IWO、NRO 和 WOA 算法的数百倍。具体而言，四种最好的算法中，TLO、VCS、WCA 和 MVO 表现出相近的稳定性，它们的方差值在同一数量级上。其中，VCS 算法的稳定性稍高，其方差值是四种算法中最小的。

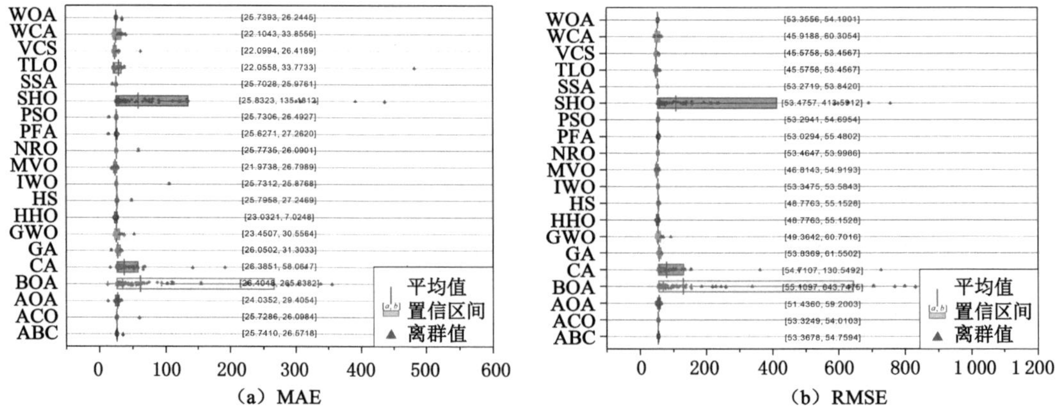

图 7-6　ZG88 预测评价指标箱形图

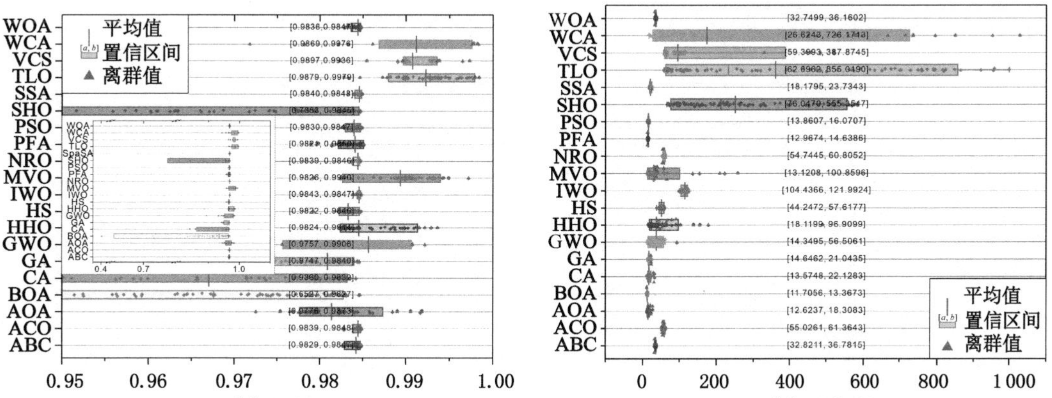

(c) KGE　　(d) 计算时间

图 7-6(续)

此外,我们选择了四种性能最好的算法和四种计算效率最高的算法,即 AOA、BOA、MVO、PFA、PSO、TLO、VCS 和 WCA,并对它们的收敛特性进行了比较。图 7-7 所示为元启发式算法超参数搜索历史。在这 100 次运行中,BOA 始终远离近似最优解,这可能是探索和发现阶段的概率变化导致的(Sharma et al.,2020)。图 7-8 所示为监测点 ZG88 适应度的收敛曲线。在达到最大迭代次数时,AOA、BOA、PFA 和 VCS 的收敛曲线仍然具有较大的适应度值。这些结果显示在达到最大迭代次数时,模型的适应度仍然远离全局最优值,暗示了这些算法的局部搜索能力较差。相比之下,MVO 在经过 50 次迭代后就收敛到接近最优解,表明 MVO 具有跳出局部最优解的能力。

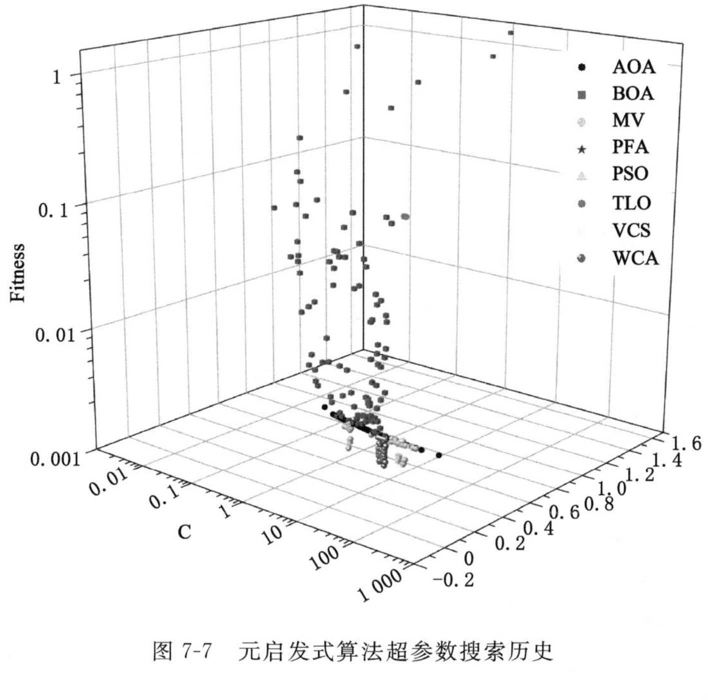

图 7-7　元启发式算法超参数搜索历史

综上所述,TLO、VCS、WCA 和 MVO 算法在预测精度方面具有相似的性能。ABC、ACO、

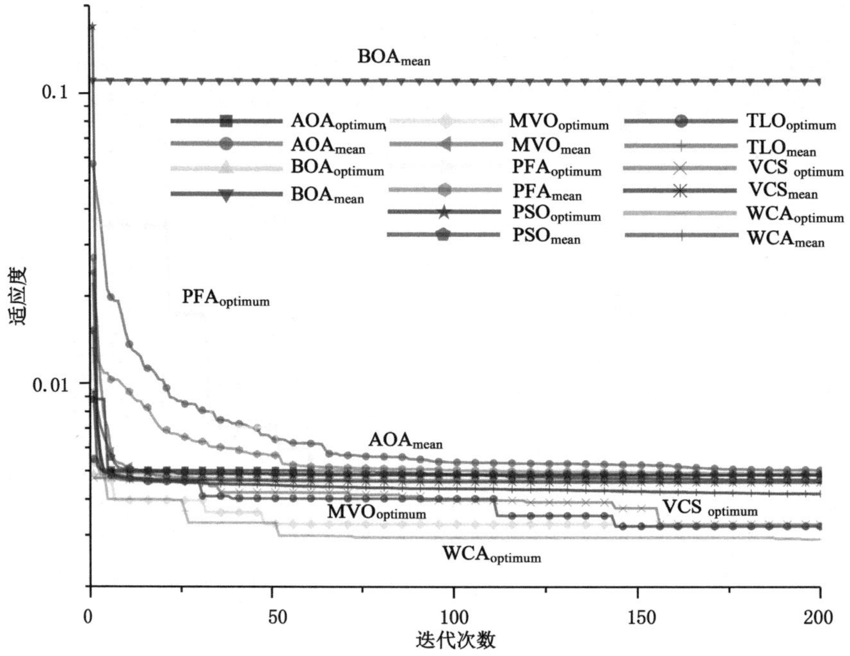

图 7-8　ZG88 监测点适应度的收敛曲线

IWO、NRO 和 SSA 算法在稳定性方面表现较好。BOA、AOA、PFA 和 MVO 算法在计算效率方面具有较高的性能。其中，MVO 算法具有最快的收敛速度，并具备跳出局部最优解的能力。这些发现可以为选择合适的算法提供参考，以满足在滑坡位移预测中的具体需求。

7.4　讨论

本章开展了元启发式优化支持向量回归的滑坡位移预测非参数检验。为了提高模型的可靠性并避免过拟合和欠拟合，使用了 k 折交叉验证方法。然而，由于需要进行 k 次计算，这也意味着需要大量的计算资源。

同时对比了 MVO 模型性能与交叉验证次数、核函数、适应度函数、种群数量和最大迭代次数之间的关系。根据表 7-4 的结果，$k \geq 4$ 的交叉验证模型性能差异非常小，可以忽略不计。高斯核函数支持向量回归模型相对线性核函数、多项式核函数或 sigmoid 核函数的模型性能更优。适应度函数的选择对模型精度的影响可以忽略不计。种群数量为 20，最大迭代次数为 200 的 MVO 模型，可以在精度和计算时间之间实现最佳权衡。

相较于直接对比评价指标，本章采用 Friedman 和 Nemenyi 事后检验进行模型显著性检验。事实上由于不确定性，人工神经网络和长短期记忆网络在多次预测中往往会提供不同的预测成果。例如，使用 ACE 2005 数据集的长短期记忆网络模型呈现了 34.48%的性能差异(Tang et al.,2016)。因此，单次评价指标的对比并不客观。此外，Friedman 检验和 Quade 检验也可以用于算法之间的比较评价。已有的研究表明，这些检验方法提供的模型排序是相同的(Derrac et al.,2011)。

表 7-4 模型性能同交叉验证次数、核函数、适应度函数、种群数量和最大迭代次数的比较

变量	取值	评价指标均值						备注
		计算时间/s	KGE	R^2	MSE	RMSE	MAE	
k 折交叉验证	$k=2$	13.163	0.982	0.997	3 045.708	55.188	27.076	$k\geq4$ 的交叉验证模型性能差异非常小，可以忽略不计
	$k=4$	16.827	0.989	0.998	2 500.452	50.005	23.731	
	$k=6$	16.648	0.990	0.998	2 465.043	49.649	23.576	
	$k=8$	18.718	0.990	0.998	2 480.353	49.803	23.671	
	$k=10$	18.534	0.990	0.998	2 457.463	49.573	23.551	
核函数	线性	84.733	0.985	0.997	3 716.569	60.964	29.280	高斯 SVR 模型提供了最好的预测性能
	多项式	86.060	0.875	0.776	237 951.165	487.802	354.301	
	高斯	38.861	0.991	0.998	2 406.455	49.056	23.311	
	Sigmoid	12.476	0.985	0.997	3 719.940	60.991	29.307	
适应度函数	归一化 MAE(NMAE)	12.313	0.982	0.997	3 331.899	57.723	26.624	适应度函数的选择对模型精度影响较小
	归一化 MSE(NMSE)	17.435	0.990	0.998	2 471.868	49.718	23.640	
	归一化 RMSE(NRMSE)	17.746	0.989	0.998	2 515.264	50.152	23.812	
	R^2	16.977	0.990	0.998	2 467.294	49.672	23.584	
种群数量(N)	$N=10$	7.373	0.989	0.998	2 497.657	49.977	23.761	$N=20$ 时在精度和计算时间之间实现了最佳权衡
	$N=20$	26.956	0.993	0.998	2 213.797	47.051	22.255	
	$N=50$	45.155	0.990	0.998	2 489.583	49.896	23.724	
	$N=100$	87.749	0.990	0.998	2 487.033	49.870	23.692	
最大迭代次数(maxIter)	maxIter=50	3.436	0.985	0.997	2 850.575	53.391	25.772	maxIter=200 时在精度和计算时间之间实现了最佳权衡
	maxIter=100	6.817	0.984	0.997	2 924.683	54.080	26.148	
	maxIter=200	22.014	0.991	0.998	2 438.806	49.384	23.450	
	maxIter=350	57.862	0.993	0.998	2 202.472	46.931	22.129	
	maxIter=500	111.874	0.994	0.998	2 169.408	46.577	21.857	

第8章 基于自动机器学习的水库滑坡易发性评价

8.1 概述

水库滑坡会造成大量人员伤亡和财产损失。滑坡易发性制图(landslide susceptibility mapping,LSM)是基于地质、地形、气候和土地利用等因素的综合分析,评估滑坡发生的概率并确定潜在滑坡区域的方法。近年来机器学习模型在滑坡易发性评价中得到了广泛的应用(表 8-1),同时也带来了一些重大挑战。其中,第一个挑战是机器学习算法的选择。在实际应用中,从业者和研究人员通常会根据经验生成一个包含不同机器学习算法的候选池,并进行性能比较,以筛选出最优模型(Goetz et al.,2015)。然而,根据不同的专家经验,所选择的最优模型可能存在较大差异,这导致了算法选择的多样性。

表 8-1 基于机器学习的滑坡易发性制图

文献	候选算法池	超参数优化
Marjanović 等(2011)	**SVM**,LR 和 DT	试错(trial and error)
Bui 等(2012)	**SVM**,DT 和 LR	五折交叉验证(five-fold cross validation)
Pradhan(2013)	**Adaptive neuro-fuzzy inference system**(自适应神经模糊推理系统),SVM 和 DT	专家经验(expert knowledge)
Pham 等(2016)	**SVM**,LR,Fisher's linear discriminant analysis(费舍尔线性判别分析),Bayesian network(贝叶斯网)和 Naive Bayes(朴素贝叶斯)	
Pham 等(2018)	**RF**,DT 和 LR	试错(trial and error)
Pourghasemi 等(2018)	**RF**, Boosted regression tree SVM, ANN, Naive Bayes, Quadratic discriminant analysis, Multivariate adaptive regression splines,Generalized additive model 和 CART	专家经验(expert knowledge)
Vakhshoori 等(2019)	**SVM**,BPNN,DT,LR 和 Fuzzy gamma	试错(trial and error)
Huang 等(2020)	**DT**,SVM,BPNN,MLP 和 Binary LR	专家经验(expert knowledge)
Wang 等(2020)	**Gated recurrent unit**,Long short term memory network, Recurrent neural network 和 simple recurrent unit	五折交叉验证(five-fold cross validation)

表 8-1(续)

文献	候选算法池	超参数优化
Azarafza 等(2021)	**Deep convolutional neural network**, DT, SVM, Gaussian Naive Bayes,LR,Bernoulli NB 和 MLP	网格搜索(grid search)
Wang 等(2021)	**Convolutional neural network and long short-term memory**, Bidirectional long short-term memory architecture of recurrent neural network,Convolutional neural network,Logit boost,RF 和 LR	试错(trial and error)

注:候选算法按照模型性能降序排列,最优模型以粗体显示。

第二个挑战是降低机器学习建模所需的专业知识。机器学习涉及诸多复杂的步骤,如数据预处理、特征工程、算法选择和超参数调整等(Escalante et al.,2021)。这是一个反复实验、耗时、资源昂贵且高度依赖经验的过程(Chen et al.,2022;Zhang et al.,2022;Liu et al.,2023)。此外,有效的机器学习建模还需要调整各种复杂的超参数。常见的机器学习算法对应的超参数在表 8-2 中列出。然而,目前滑坡易发性制图中机器学习模型的超参数选择通常依赖于专家经验或试错方法。传统机器学习建模的复杂性往往超出非专业人士的能力。

表 8-2　主要机器学习算法及其超参数

机器学习算法	主要超参数	可选超参数
逻辑回归(LR)	penalty,c,solver	
k 近邻算法(KNN)	n_neighbors	weights,p,metric
支持向量机(SVM)	C,kernel,epsilon(for SVR)	gamma,coef,degree
朴素贝叶斯(naive Bayes)	alpha	
决策树(DT)	criterion,max_depth,min_samples_split,min_samples_leaf,max_features	splitter,min_weight_fraction_leaf,max_leaf_nodes
随机森林(RF)	n_estimators,max_depth,criterion,min_samples_split,min_samples_leaf,max_features	splitter,min_weight_fraction_leaf,max_leaf_nodes
极限梯度提升(extreme gradient boosting)	n_estimators, max_depth, learning_rate, subsample, colsample_bytree,	min_child_weight, gamma, alpha,lambda
深度神经网络(DNN)	number of hidden layers, 'units' per layer, loss, optimizer, activation function, learning_rate, dropout ratio,epsilon,epochs,batch_size,early stop patience	number of frozen layers(if transfer learning is used)

随着实际应用需求的快速增长,迫切需要一种非专业人士也能够轻松使用的“现成的”机器学习平台和框架。这样的平台和框架可以降低机器学习建模的门槛,使更多的人能够快速有效地应用机器学习技术,推动滑坡易发性制图的发展。

为了克服上述挑战,尤其是为在机器学习方面缺乏丰富专业知识的从业者提供解决方案,自动机器学习(automatic machine learning,AutoML)应运而生。AutoML 利用机器学习和自动化技术来简化机器学习的各个阶段的过程。它包括数据预处理、特征工程、模型选择和超参数调优等步骤。AutoML 的目标是降低机器学习的门槛，使更多的人能够快速、有效地构建和部署机器学习模型。为解决机器学习中缺乏专业知识的问题，研究者已经建立了各种自动机器学习的开源平台和框架，例如 AutoKeras、AutoPyTorch、AutoSklearn、AutoGluon 和 H2O AutoML（Zhang et al.，2020；Ferreira et al.，2021；Fallatah et al.，2022；Song et al.，2022）。这些自动机器学习平台和框架在隧道位移预测（Zhang et al.，2022）、隧道掘进机性能预测（Zhang et al.，2020）、地震伤亡和经济损失预测（Chen et al.，2022）等领域的应用已经取得了一定的成果。然而，迄今为止，关于自动机器学习在滑坡易发性制图中的应用尚未见报道。

自动机器学习在滑坡易发性制图中具有重大潜力。通过自动化和简化机器学习的过程，从业者和研究人员无须深入了解机器学习的复杂细节，也能够利用自动机器学习平台来快速评估和比较不同的算法和模型，选择最佳的滑坡易发性模型。此外，自动机器学习还可以提供关于特征工程和超参数调优的自动化建议，减少了人工试错的时间和成本。

本章采用一种新颖的自动机器学习范式开展三峡库区秭归-巴东段水库滑坡易发性制图。用户只需极小的投入或者干预，自动机器学习能够自动开展超参数优化和模型优化，开展水库滑坡易发性制图。

8.2 方法

8.2.1 自动机器学习

为了减少构建机器学习模型过程中的人为干预，自动机器学习技术应运而生。自动机器学习为从业人员提供了“现成的”机器学习解决方案，是一种可以自动实现最优算法选择、模型结构选择和超参数调优的新范式。

自动机器学习具有以下优点：提高效率，自动化的方式能够大大缩短机器学习的开发周期，减少人工干预和重复劳动，提高效率和生产力；降低门槛，自动机器学习使得不具备专业机器学习知识的人员也能够进行模型构建和应用，降低了技术门槛；提供最佳实践，自动机器学习集成了最佳实践和经验，能够自动选择和应用常用的机器学习技术和方法；自动化调优，自动机器学习能够自动搜索和调整模型的超参数，提高模型的性能，减少了手动调优的烦琐过程。

一般来说，自动机器学习包括三个核心组件：搜索空间、搜索策略和性能评估策略（Song et al.，2022）。搜索空间可以是机器学习算法池，也可以是特定算法的超参数。搜索策略是指选择最优超参数集的策略，网格搜索和贝叶斯优化是常用的搜索策略。性能评估策略与传统机器学习中的性能评估策略类似，它是对选定的超参数训练出的特定机器学习算法的评估标准。

作为自动机器学习技术中的重要组成部分，自动超参数优化的地位举足轻重。其旨在开展超参数自动优化，提高模型的构建效率，促进机器学习技术广泛和高效地应用。具体来说，自动超参数优化过程有以下实际意义：① 减少时间和人力资源投入，尤其是当模型超参数规模较大、任务数据集复杂时，自动超参数优化可以显著降低人为干预，使用户能够专注于解决问题本身。② 降低机器学习技术的使用门槛，促进机器学习模型大规模的落地应用。③ 提升机器学习模型在处理复杂任务时的泛化性能、稳定性和效率。目前已有研究工作表明，自动超参数优化方法往往比传统人工调参具有更强的泛化性能。

目前市面上已有众多的自动机器学习平台，本章采用了便于操作的 H2O AutoML 平台。H2O AutoML 平台中的搜索空间包括常见的简单和复杂的机器学习模型，如广义线性模型(GLM)、分布式随机森林(DRF)、梯度增强机(GBM)、深度神经网络(DNN)和堆叠集成算法(Cook，2016)。简述如下。

广义线性模型是线性模型的扩展，通过连接函数建立响应变量的数学期望值与线性组合的预测变量之间的关系，其特点是不强行改变数据的自然度量，数据可以具有非线性和非恒定方差结构。广义线性模型是线性模型在研究响应值的非正态分布以及非线性模型简洁直接的线性转化时的一种发展。

分布式随机森林是随机森林的一种特殊形式，它通过对训练数据集进行替换采样来同时并行地构建决策树(Asgari et al.，2022)。决策树在分布式计算机上进行训练，并独立生成本地分类器。这种分布过程可以通过增加少数类别的抽样机会来解决数据不平衡的问题。与随机森林类似，分布式随机森林基于多个决策树，但其强调了随机化以减少变异。同时，它使用候选特征的随机子集，并随机抽取阈值进行分割，而不是寻找最具区别性的特征。

梯度增强机是一种集成算法，它通过将弱分类器与权重结合起来构建一个加性模型。梯度增强机通过增强策略将弱分类器转换为强分类器，从而提供鲁棒性估计。

深度神经网络是指包含多个隐藏层的神经网络，旨在提高准确性和精度。H2O AutoML 平台提供了基于反向传播随机梯度下降训练的多层前馈深度神经网络。H2O AutoML 平台也提供堆叠集成模型，即使用元学习器将各种基本分类器组合成一个分类器。H2O AutoML 平台提供了两种类型的堆叠集成模型，包括堆叠集成最好的模型和堆叠集成所有训练模型。集成学习是将基学习器结合在一起形成一个泛化性能更强的学习器，能够弥补单个机器学习模型的缺陷。而堆叠集成是一种异构分类器集成的模型，由基学习器和元分类器两层框架组成。其核心思想是将多个基学习器的预测结果组合成新的特征变量，用这些新特征变量训练元分类器并产生最终预测结果。

对于搜索策略，H2O AutoML 平台提供笛卡儿和随机网格搜索。通常，H2O AutoML 开发只需要输入数据集和约束参数如最大运行时间或最大模型数量等。训练完成之后的模型根据性能评价指标保存在模型排行榜。上述特征使得从业者无须耗时的试错过程，可以快速选择最佳模型，从而提高建模的效率。

8.2.2 传统机器学习

为开展对比研究，本研究选择多层感知器(MLP)、分类和回归树(CART)、k 近邻算法(KNN)、随机森林(RF)和支持向量机(SVM)进行水库滑坡易发性评价。各算法简要描述如下。

(1) 多层感知器

多层感知器是一种基本的前馈神经网络模型，它由多个神经元层组成，每个神经元层均与下一层相连，在滑坡易发性制图中被广泛采用。输入层接收原始数据，并将其传递给隐藏层。隐藏层是输入层和输出层之间的中间层，其中包含了多个神经元。隐藏层的每个神经元都与前一层的神经元相连，并且每个连接都有一个权重。隐藏层的神经元通过对输入的数据进行加权和应用激活函数计算并输出。最后，输出层接收隐藏层的输出，并产生最终的预测结果。反向传播用于多层感知器训练。本研究采用三层感知器，并采用 L2 正则化来防止过拟合。

（2）分类和回归树

分类和回归树是一种经典的分类和回归树算法。它是由 Breiman 等人于 1984 年提出的，被广泛应用于机器学习和数据挖掘任务中。CART 算法既可以用于分类问题，也可以用于回归问题。在分类问题中，CART 构建一棵二叉树，将数据集划分为两个子集，以最大限度地减少分类误差。每个内部节点表示一个特征和一个分割点，数据根据特征的取值被划分到左子树或右子树中。叶节点表示一个类别，其中的样本被标记为该类别。CART 使用基尼指数或熵作为衡量划分质量的标准，通过选择使划分后纯度最大化的特征和分割点来进行划分。

（3）k 近邻算法

k 近邻算法的基本思想是，给定一个新的未标记实例，通过在训练数据集中找到距离该实例最近的 k 个邻居，来预测其类别或数值。KNN 算法没有显式的训练过程，它将所有的训练样本存储在内存中，并根据需要计算新实例与训练样本之间的距离。在分类任务中，KNN 算法根据 k 个最近邻居的类别，采用多数表决的方式确定新实例的类别。也就是说，k 个最近邻居中属于某个类别最多的类别将被预测为新实例的类别。k 近邻算法在滑坡易发性制图中被广泛采用（Merghadi et al.，2020；Xia et al.，2022）。

（4）随机森林

随机森林是一种基于决策树的集成学习方法。随机森林通过构建多棵决策树并结合它们的预测结果来进行分类和回归任务。每棵决策树都是基于随机选择的子样本集和特征集进行训练的。随机森林的基本步骤如下。

① 随机采样：从原始训练数据中随机选择一部分样本（有放回地抽样），构成一个子样本集。这个过程被称为自助采样。

② 随机选择特征：从所有特征中随机选择一个子集作为决策树的特征集。通常情况下，每个决策树使用的特征数量远小于总特征数量。

③ 构建决策树：使用选定的子样本集和特征集构建一棵决策树。在每个节点上，根据某个划分准则（如基尼指数、熵）选择最佳特征进行分割，使得树的分支尽可能地纯净。

④ 构建多棵决策树：重复步骤①至步骤③，构建多棵决策树。

⑤ 预测集成：对于分类问题，随机森林采用投票的方式，根据多棵决策树的预测结果来决定最终的类别。对于回归问题，随机森林采用平均值的方式，将多棵决策树的预测结果进行平均。

（5）支持向量机

支持向量机基于统计学理论监督学习算法（Ma et al.，2022b），其基本思想是将数据样本映射到高维特征空间，使得样本在该空间中线性可分；然后，在特征空间中找到一个最优的超平面，使得两个不同类别的样本距离该超平面最大。因其鲁棒性，现已被广泛用于滑坡易发性制图（Marjanović et al.，2011；Micheletti et al.，2014；Balogun et al.，2021；Huang et al.，2022）。

8.2.3 元启发式方法

本研究采用人工蜂群（ABC）算法、粒子群优化（PSO）算法、灰狼优化（GWO）算法和水循环算法(WCA)进行传统机器学习超参数优化。人工蜂群算法是一种基于蜜蜂群体行为的元启发式优化算法。它是根据蜜蜂的觅食行为而设计的,模拟了蜜蜂在搜索最佳食物源时的交流和合作过程。粒子群优化算法通过模拟群体中粒子的协作和迭代搜索过程来解决优化问题。每个粒子表示一个解(候选解),根据个体经验和群体经验进行粒子位置的调整。粒子的运动速度和位置更新依赖于个体最优解和全局最优解。灰狼优化算法通过模拟灰狼的领导者和跟随者的行为,来解决优化问题。灰狼优化算法中,每个灰狼代表一个解(候选解),灰狼之间的位置和运动速度的调整依赖于领导者和其他灰狼的位置。水循环算法通过模拟水分蒸发、云团形成和降水等过程,来解决优化问题。算法中的解被看作是水分子的位置,搜索过程中通过模拟蒸发和降水来调整解的位置。

上述元启发式算法虽然略有差异,但是其总体流程大致相同,可以概括如下:

① 在 D 维搜索空间中随机生成 N 个可能的解;

② 对生成的解基于预定义的适应度函数进行评估;

③ 基于元启发式更新策略迭代更新新解(如表 8-3 所示);

④ 将最优解保存到满足终止准则。

8.3　研究区域和数据集

8.3.1　研究区域

三峡库区是我国典型的滑坡易发地区。本节选用三峡库区秭归-巴东段开展滑坡易发性评价,该区域占地面积约 900 km^2。该区域降雨频繁,年平均降雨量达 1 200 mm(Fang et al.,2021)。地层岩性上,该区域主要由三叠系和侏罗系的砂岩、泥岩和粉砂岩组成(Li et al.,2018)。由于广泛分布巴东组和侏罗系易滑地层(Tang et al.,2019),该区段滑坡分布密集,约占三峡库区滑坡总数量的 15%(Li et al.,2018;Xia et al.,2022)。如图 8-1 所示,由于构造性河谷切割和人类工程活动的影响,滑坡主要集中分布在三峡库区的河谷附近(Wu et al.,2001;Li et al.,2018;Tang et al.,2019)。此外,滑坡滑动的坡脚高程主要集中在蓄水前水位波动的区域,这表明滑坡的发生与河流的侵蚀密切相关。

该区域曾发生过多次灾难性的滑坡事件,其中包括千将坪滑坡和小岩头滑坡。千将坪滑坡发生于 2003 年首次蓄水后,造成 24 人死亡,346 座房屋被毁。2021 年 8 月 28 日强降雨后发生的小岩头滑坡,对 32 名居民的生命安全构成了威胁(Fu et al.,2023)。此外,大型滑坡如树坪滑坡和范家坪滑坡也位于该区段。树坪滑坡体积达到 4.0×10^7 m^3,持续变形至今,导致 85 名居民被迫搬迁。范家坪滑坡由两个滑坡组成,总体积达到 1.1×10^8 m^3,2006 年年底水库水位由 135 m 上升至 156 m,导致滑坡复活,滑坡体上的居民被迫搬迁。这些灾难性的滑坡事件突出了该区域的滑坡风险和安全问题,因此,对该区域进行滑坡易发性评价和预测是十分重要的。

8.3.2　数据集

(1) 滑坡编录清单

在本研究中,基于现场调查、遥感图像解译共收集了 290 处滑坡(图 8-1)。受滑坡影响

表 8-3　ABC、GWO、PSO 和 WCA 的更新策略

算法	更新策略示意图	更新策略数学形式
ABC	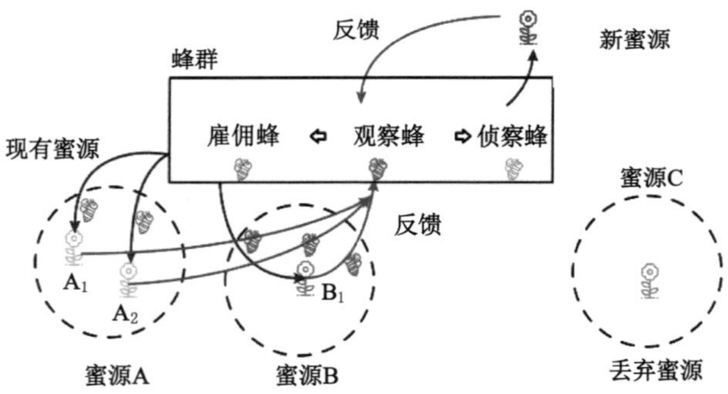	$v_{ij}=x_{ij}+\rho_i(x_{ij}-x_{\delta j})$ 式中 ρ_i 为 $-1\sim1$ 的随机数，随机数 $\delta\in\{1,2,\cdots,N\}$ 且 $\delta\neq i$(Babaoglu，2015)
GWO	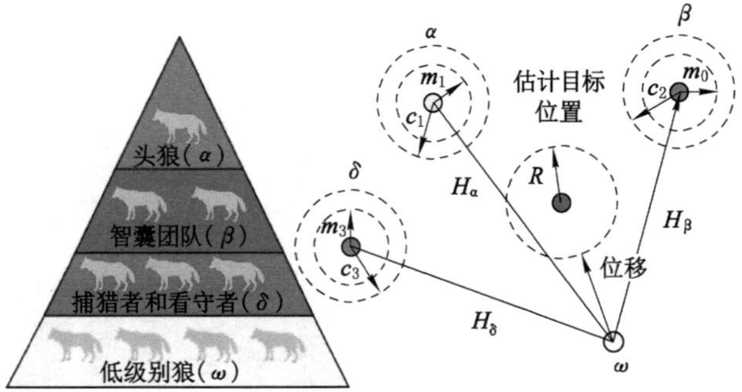	$\begin{cases}D_i=\lvert C_i x_p(t)-x_i(t)\rvert\\ x_i(t+1)=x_p(t)-A_iD_i\end{cases}$ 式中 x_i 和 x_p 分别为第 i 只灰狼和猎物的位置；A 和 C 是向量参数，定义为 $\begin{cases}A_i=2a\boldsymbol{r}_1-a\\ C_i=2\boldsymbol{r}_2\end{cases}$，式中 $\boldsymbol{r}_1$ 和 $\boldsymbol{r}_2$ 是随机向量，a 为控制参数，定义为：$a=2-2\times\frac{t}{t_{\max}}$(Abderazek et al.，2020).

表 8-3(续)

算法	更新策略示意图	更新策略数学形式
PSO	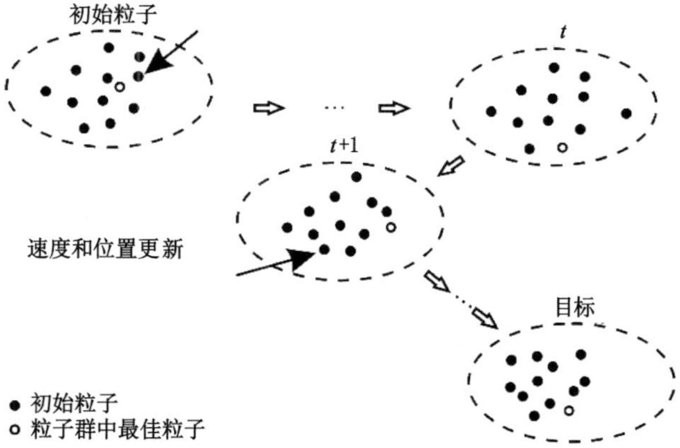	$\begin{cases} v_j^{i+1}=\omega v_j^i+[c_1\boldsymbol{r}_1(\text{local best}_j-x_j^i)]+[c_2\boldsymbol{r}_2(g_{\text{best}_j}-x_j^i)] \\ x_j^{i+1}=x_j^i+v_j^{i+1} \end{cases}$ 式中 $\boldsymbol{r}_1$ 和 $\boldsymbol{r}_2$ 分别为随机向量，v_j^i 和 x_j^i 分别是第 i 次迭代中第 j 个粒子的速度和位置。(Kaveh et al.,2014)
WCA	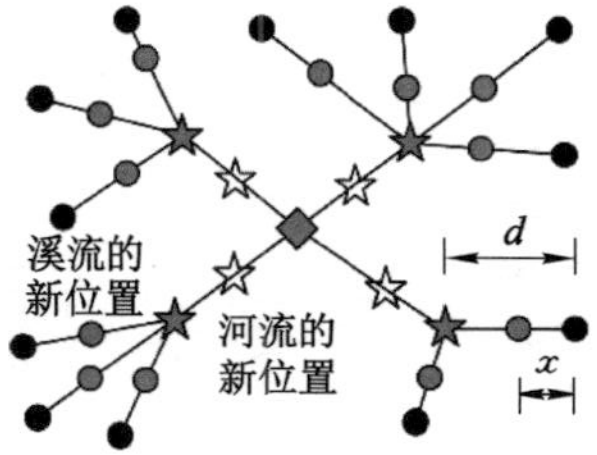	$\begin{cases} X_{\text{steam}}^{i+1}=X_{\text{steam}}^i+\text{rand } C(X_{\text{river}}^i-X_{\text{steam}}^i) \\ X_{\text{river}}^{i+1}=X_{\text{river}}^i+\text{rand } C(X_{\text{sea}}^i-X_{\text{river}}^i) \end{cases}$ 式中 X_{steam}^i，X_{river}^i 和 X_{sea}^i 分别为第 i 次迭代中溪流、河流和海洋的位置(Eskandar et al.,2012)

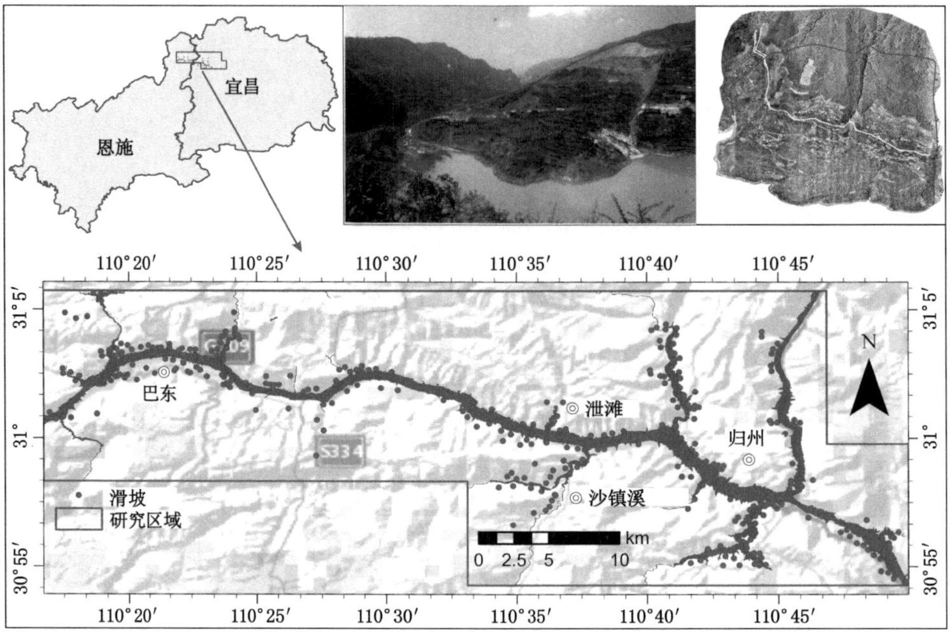

图 8-1 三峡库区的秭归-巴东段的滑坡编录清单及研究区的滑坡示例

的区域面积达 32.43 km^2。

(2) 滑坡环境因子选取

基于先前研究(Wu et al.,2014;Xia et al.,2022),本研究选择了 11 个环境因子用于易发性制图,选取的环境因子详见表 8-4。

高程和坡度因子已被广泛用于滑坡易发性制图(Hong et al.,2020;Saha et al.,2021)。研究者普遍认为,高陡区域相较于低缓区域更容易发生滑坡(Kavzoglu et al.,2014;Saha et al.,2021)。坡向则通过影响阳光照射、水分蒸发、降雨和坡面侵蚀等因素间接影响滑坡灾害的发生(Hong et al.,2020;Saha et al.,2021),因此也被广泛应用于滑坡易发性制图。流域的地形湿度指数(topographic wetness index,TWI)是一种表征地形对水分分布和水流路径的指数,其定义为:

$$\mathrm{TWI} = \ln\left(\frac{As}{\tan\beta}\right) \tag{8-7}$$

式中,As 和 β 分别表示具体流域的面积和坡度。TWI 较高的区域表示相对湿度较高,有较强的水分积累能力,更有利于滑坡的发生(Hong et al.,2020);TWI 较低的区域表示相对湿度较低,有较强的水分排泄能力。

水流强度指数(stream power index,SPI)是一种用于评估地表水流强度的指数,其定义为:

$$\mathrm{SPI} = As\tan\beta \tag{8-8}$$

它通过考虑坡度和水流累积量来估算水流的强度。较高的 SPI 值表示相对较强的水流作用,可能会引起更大的地表侵蚀和地貌变化(Nefeslioglu et al.,2008)。因此,高 SPI 地区滑坡的风险更高。

上述五个环境因子基于 12.5 m 分辨率的 DEM 通过 ArcGIS Pro(版本为 3.0.1)进行空间分析获取。

岩性是影响坡体材料强度和渗透性的主要因素之一(Kavzoglu et al.,2014)。本研究基于此前三峡库区滑坡易发性相关研究(Li et al.,2020;Hua et al.,2021),将该区域岩性归类为软岩组、软-硬相间岩组和硬岩组三个工程岩组。

在滑坡易发性制图的研究中,距断层、道路和河流的距离也是常用的环境因子。这是因为断层可以直接引发滑坡或导致岩土体的不连续性,而道路建设与滑坡之间存在密切的关联,河流则通过水的侵蚀、渗透和软化作用可能诱发滑坡。上述环境因子通过 ArcGIS Pro(版本为 3.0.1)计算与断层、道路和河流的欧氏距离来获取。

土地利用对蒸发蒸腾、地表径流和渗透具有一定影响,也被广泛应用于滑坡易发性制图。本研究中,土地利用信息来自开源数据集 FROM-GLC(Gong et al.,2019),该数据集将土地利用分为八类。降雨增加了斜坡荷载和孔隙水压力,软化材料的力学强度,被认为是诱发滑坡的主要因素之一。本研究中,高精度降水数据来源于中国科学院气候变化研究中心(Xu et al.,2009;Wu et al.,2013),计算获得了该区段 1994 年至 2015 年的年平均降雨量。

上述的环境因子被转换成 12.5 m×12.5 m 栅格数据用于开展滑坡易发性制图。

8.4　滑坡易发性制图

基于自动机器学习的滑坡易发性制图总体流程主要包括数据准备、多重共线性分析、模型设置和结构以及性能评估等,如图 8-2 所示。

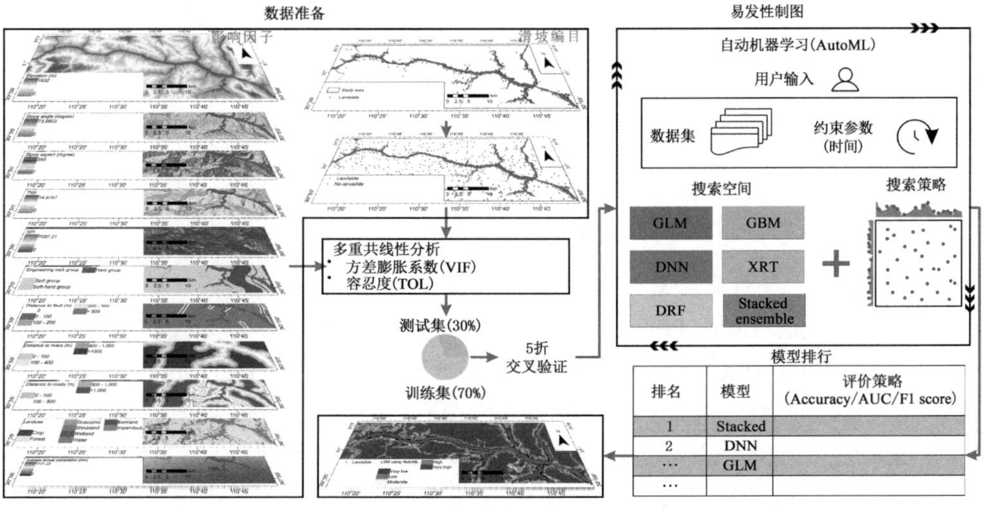

图 8-2　基于自动机器学习的滑坡易发性制图流程

8.4.1　数据准备

根据以往研究经验(Petschko et al.,2014;Hong et al.,2020;Xia et al.,2022),本研究

滑坡样本点采用其质心替代，共包括 290 个滑坡样本点。为了降低非滑坡样本点选择的误差，提高模型的准确率，以滑坡样本点进行 1 000 m 的缓冲，在滑坡缓冲区域外随机选取了 290 个非滑坡样本点。所选取的滑坡样本点和非滑坡样本点详见图 8-3(扫图中二维码可看彩图，下同)。

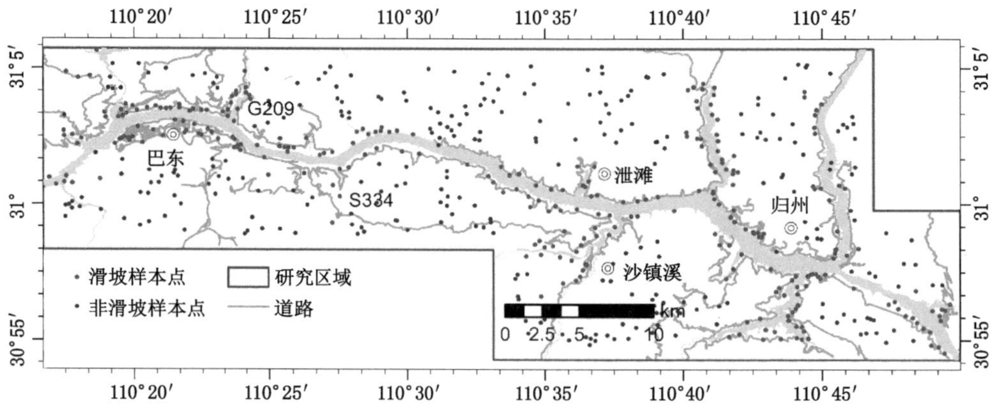

图 8-3　滑坡样本点和非滑坡样本点

8.4.2　多重共线性分析

多重共线性是自变量之间存在高度相关性的情况，当多重共线性存在时，小的变动或微小的变化会引起模型性能的显著变化，使模型的结果难以解释和预测；当多个自变量之间存在高度相关性时，它们对因变量的解释力会下降，模型无法准确地确定每个自变量对因变量的独立贡献；多重共线性可能导致模型自变量的显著性水平下降，估计的标准误差增加，使得统计推断变得困难。

方差膨胀系数(variance inflation factor，VIF)和容忍度(tolerance，TOL)表征了独立特征之间的线性程度，常被用于滑坡环境因子共线性检验。

$$\mathrm{TOL}_j = 1 - R_j^2 \tag{8-9}$$

$$\mathrm{VIF}_j = \frac{1}{\mathrm{TOL}_j} \tag{8-10}$$

式中，R_j^2 为环境因子 X_j 对其余环境因子的相关系数的平方。

一般来说，VIF 大于 5 或 TOL 小于 0.2 表明存在多重共线性，这可能会影响训练模型的准确性和预测能力。因此，需要剔除存在多重共线性的环境因子(Hong et al.，2020；Xia et al.，2022)。通过环境影响因子的多重共线性检测(图 8-4)，发现 VIF 均小于 5，TOL 均大于 0.2。这表明在所使用的环境因子中不存在严重的多重共线性问题，因此将表 8-4 中的所有环境因子作为滑坡易发性评价的输入。

8.4.3　模型设置和结构

在本研究中，采用了 Python 平台进行自动机器学习和传统机器学习的滑坡易发性制图。具体实现使用了 H2O AutoML(版本为 3.36.1.2)进行自动机器学习的滑坡易发性制图，并使用 scikit-learn(版本为 1.1.1)进行传统机器学习的滑坡易发性制图。

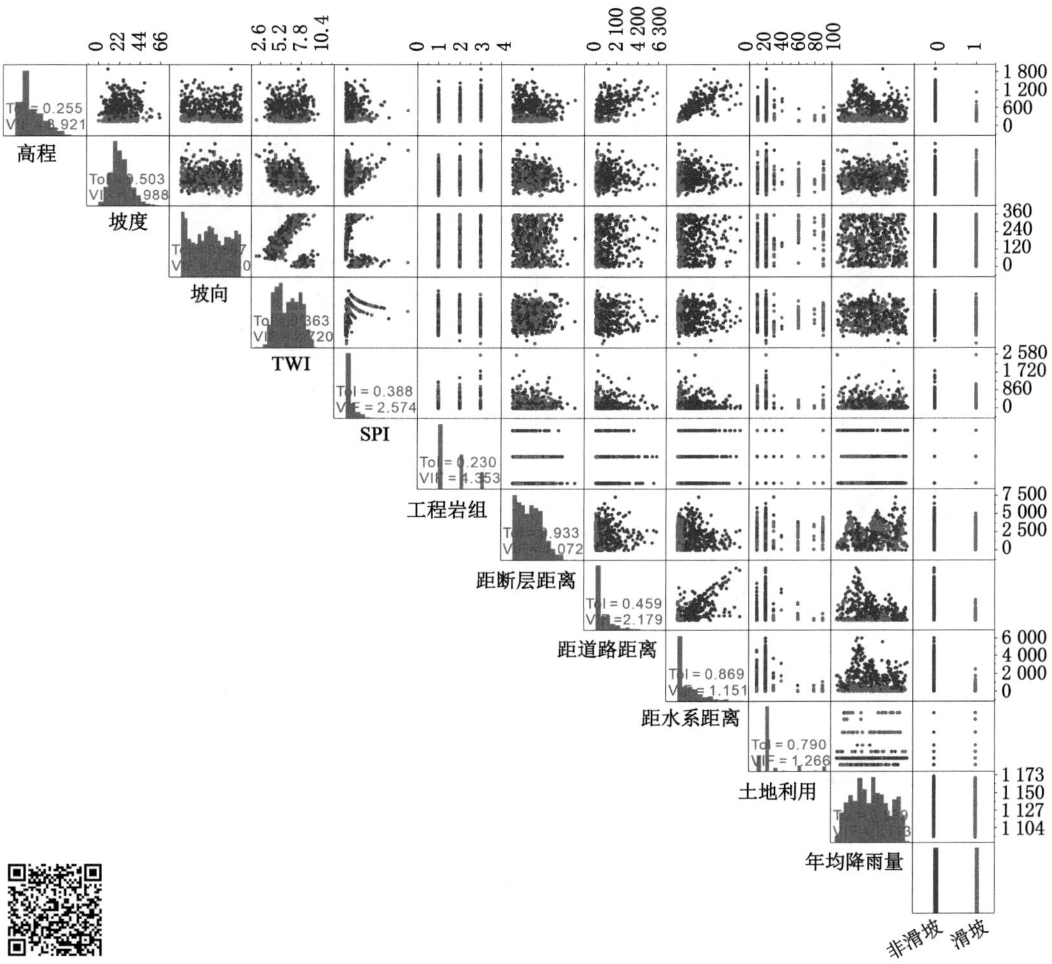

图 8-4　滑坡环境因子散点图与多重共线性检验

注：工程岩组被分为三种类型，1、2、3 分别代表软岩组、软-硬相间岩组和硬岩组。土地利用被分为八种类型，10、20、30、40、50、60、80 和 90 分别代表农作物、林地、草地、灌木丛、湿地、水域、不透水表面和裸地。非滑坡和滑坡分别用标签 0 和 1 表示。

针对不同的机器学习算法，采用了不同的超参数进行优化。以下是各算法的超参数。

多层感知器神经网络：L2 正则化参数（L2 regularization parameter）和隐藏神经元的数量（neurons in hiden layer）。

分类和回归树：树的最大深度（max_depth）和所需的最小样本数（min_sample_leaf）。

k 近邻算法：邻近数（n_neighbors）、权重函数（weights）和树的距离指标（metric）。

随机森林：树的数量（n_estimators）和衡量拆分质量的函数（criterion）。

支持向量机：惩罚系数（C）、核类型（kernel）和核系数（gamma）。

对于多层感知器神经网络、分类和回归树、k 近邻算法和随机森林，采用了网格搜索进行超参数优化，而对支持向量机则采用了网格搜索和四种元启发式算法进行超参数优化，超参数的搜索空间详见表 8-5。

表 8-4　三峡库区秭归-巴东段滑坡易发性制图滑坡环境因子

环境因子	来源/类型	
高程	ALOS PALSAR/连续变量	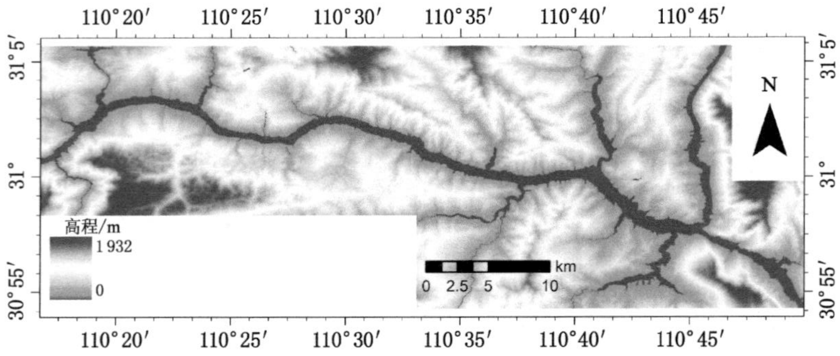
坡度	ALOS PALSAR/连续变量	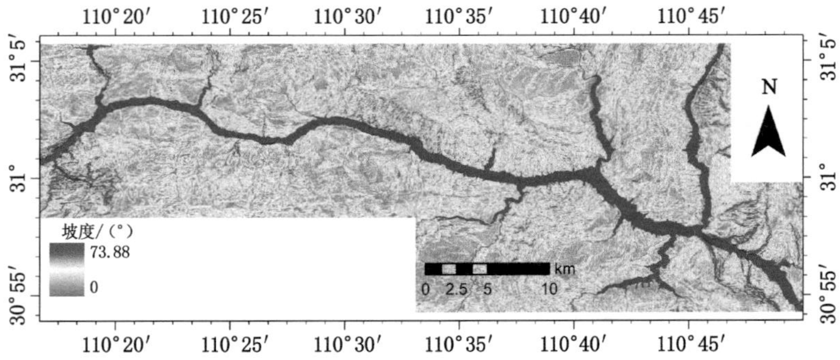

表 8-4(续)

环境因子	来源/类型	
坡向	ALOS PALSAR/连续变量	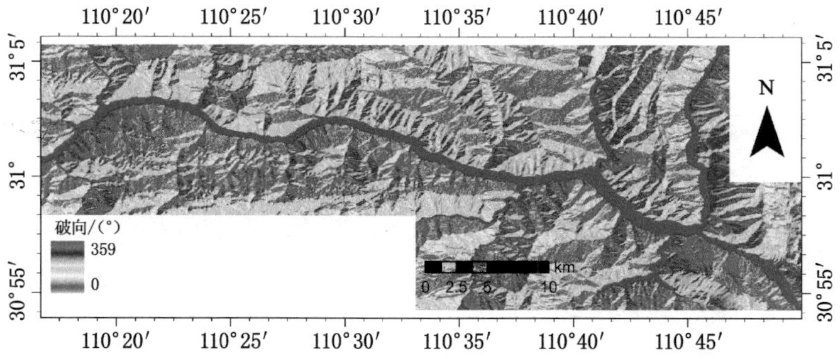
地形湿度指数	ALOS PALSAR/连续变量	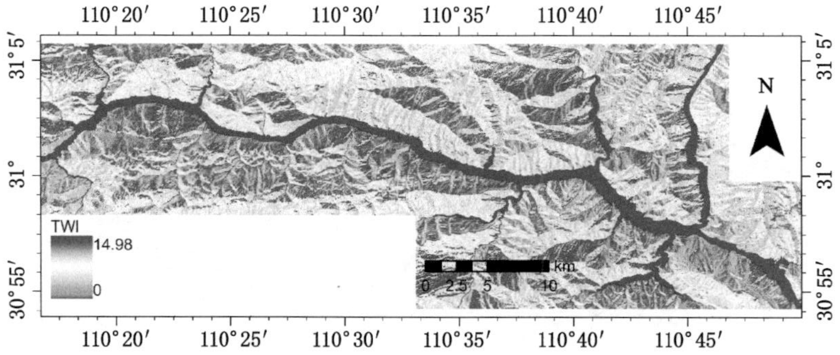

表 8-4(续)

环境因子	来源/类型	
径流强度指数	ALOS PALSAR/连续变量	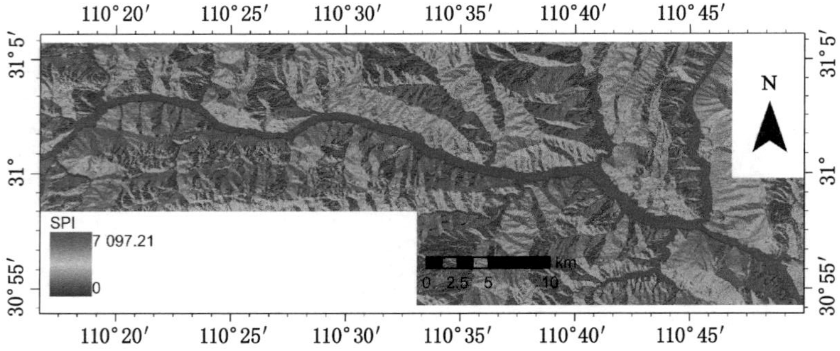
工程岩组	中国地质档案馆地质图(1∶200 000)/分类变量(3 类)	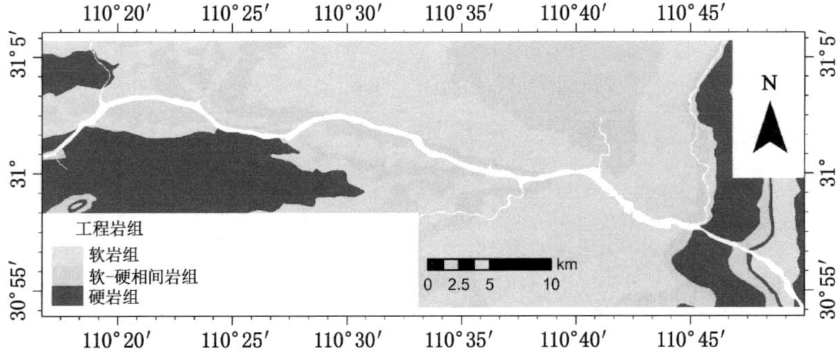

表 8-4(续)

环境因子	来源/类型	
距断层距离	中国地质档案馆地质图(1∶200 000)/连续变量	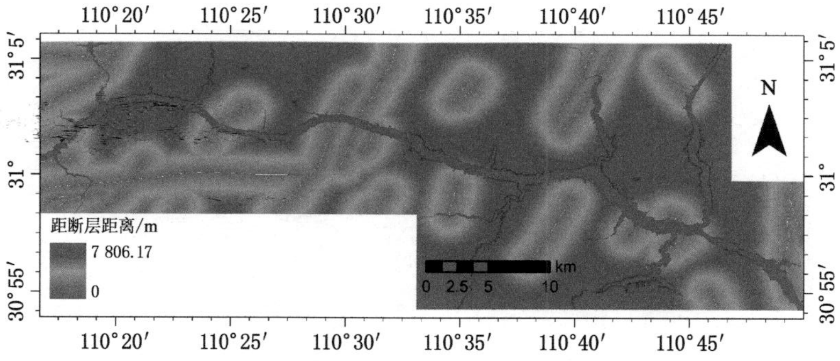
距道路距离	OpenStreetMap/连续变量	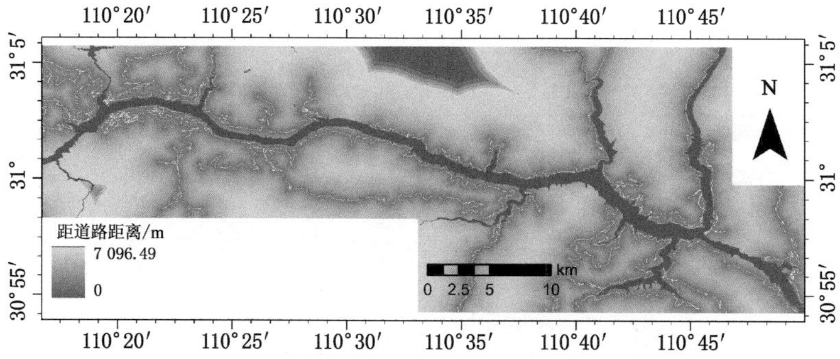

表 8-4(续)

环境因子	来源/类型	
距水系的距离	OpenStreetMap/连续变量	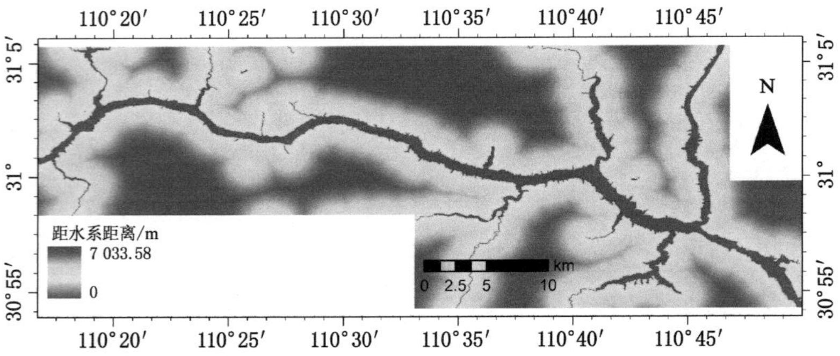
土地利用	FROM-GLC/分类变量(8类)	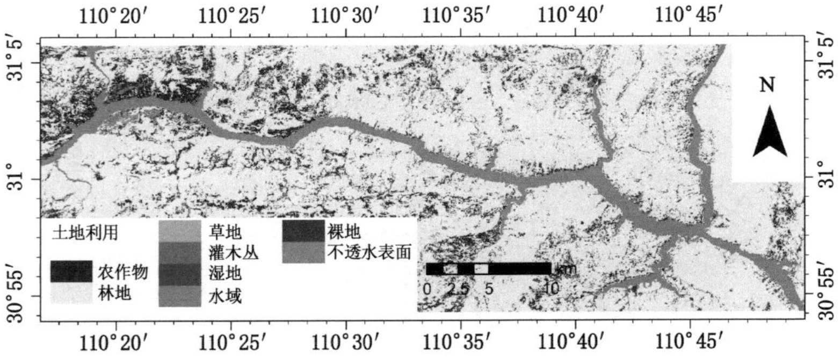

表 8-4(续)

环境因子	来源/类型	
年均降雨量	湖北省水文水资源中心/连续变量	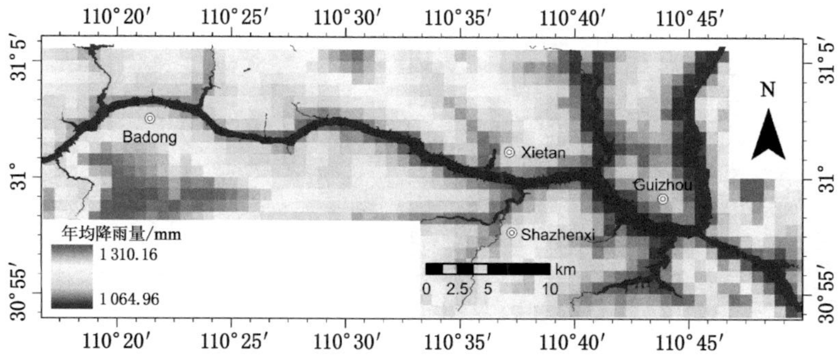

表 8-5　传统机器学习模型的超参数搜索空间

算法	超参数	搜索区间	算法	超参数	搜索区间
MLP	neurons in hidden layer	Linspace (10,200,10)	RF	n_estimators	Linspace (10,200,20)
	L2 regularization parameter	Logspace (−10,−1,10)		criterion	{gini,entropy}
KNN	n_neighbors	Linspace (3,50)	SVM	kernel	{polynomial,RBF,sigmoid}
	weights	{uniform,distance}		C	$[1\times10^{-3},1\times10^{4}]$
	metric	{manhattan,euclidean}		gamma	$[1\times10^{-3},1\times10^{4}]$
DT	max_depth	Linspace (1,10,10)			
	min_sample_leaf	Linspace (1,10)			

实验过程在 CPU 为 Intel(R)Xeon(R)E-2176 M @ 2.70 GHz，内存为 64 GB 的环境下执行。

在本研究中，为了保证模型的可靠性，采用了以下步骤进行数据集划分和模型评估。

数据集划分：滑坡样本和非滑坡样本数据集按照 7∶3 的比例进行随机划分，其中 70%的数据作为训练数据集，用于模型的训练和参数优化；30%的数据作为测试数据集，用于评估模型的性能和预测准确度。

五折交叉验证：为了进一步提高模型的可靠性，采用五折交叉验证的方法。具体来说，将训练数据集分成五个子集，每次选择其中四个子集作为训练集，剩下一个子集作为验证集，然后重复这个过程五次，确保所有的子集都被用于训练和验证。这样可以对模型进行多次训练和验证，得到更准确的评估结果。

模型预测和易发性指数计算：使用训练好的自动机器学习模型和传统机器学习模型，将区域内环境影响因子数据输入模型进行预测。根据模型的输出结果，计算研究区的滑坡易发性指数。

易发性等级划分：采用自然间断点法将滑坡易发性指数(LSI)划分为五个易发性等级，分别为极高、高、中、低和极低易发区。

8.4.4 性能评估

本研究的性能评估指标包括准确率和 F1 值。准确率是指模型正确分类的样本数与总样本数之比。F1 值是准确率和召回率(Recall)的调和平均值，召回率衡量模型正确识别正例的能力。此外，本研究还采用受试者工作特性曲线(receiver operating characteristic，ROC)和曲线下的面积(AUC)来进一步评估性能。ROC 是一种用于评估二分类模型性能的图形工具和指标，它通过绘制真阳性率(true positive rate，TPR，也称为灵敏度)和假阳性率(false positive rate，FPR)之间的关系来展示模型在不同分类阈值下的表现。ROC 曲线越接近左上角，表示模型的性能越好。AUC 值是 ROC 曲线下的面积，用于衡量模型的预测精度。AUC 值的取值范围是[0.5,1]，越接近 1 表示模型性能越好。当 AUC 值等于 0.5 时，表示模型的预测能力与随机猜测没有区别。

8.5 结果

8.5.1 AutoML 模型之间的性能比较

在本研究中，我们使用了 H2O AutoML 平台，共训练了 6 479 个候选模型，其中 1 000 个基学习器的堆叠集成模型性能最优。本研究同时选取 DNN，DRF，GBM，GLM 和 XRF 中最优模型开展了对比研究。各模型的超参数和评价指标详见表 8-6 和表 8-7，ROC 曲线详见图 8-5。堆叠集成模型(AutoML_stacked)在训练集、验证集和测试集上都展现出令人满意的性能。其 AUC 值分别为 1.0、0.9690 和 0.9538。与 DNN、DRF、GBM、GLM 和 XRF 模型相比，堆叠集成模型在准确度、F1 值和 AUC 值上都表现更优。

表 8-6　传统机器学习和自动机器学习模型的最优超参数

模型	最优超参数	模型	最优超参数	模型	最优超参数
MLP	neurons in hidden layer=70 L2 regularization parameter=0.1	CART	max_depth=2 min_sample_leaf=1	KNN	n_neighbors=23 weights=distance metric=Manhattan
RF	n_estimators=135 criterion=gini	SVM	kernel=RBF C=0.465 659 51 gamma=0.152 588 58	ABC-SVM	kernel=RBF C=0.499 538 88 gamma=0.164 649 83
GWO-SVM	kernel=RBF C=0.557 239 25 gamma= 0.235 770 01	PSO-SVM	kernel=RBF C=0.376 485 40 gamma=0.202 235 85	WCA-SVM	kernel=RBF C=0.474 842 62 gamma=0.215 720 21
AutoML_stacked	基础模型是前 1 000 个训练好的模型,元学习器是一个 GLM。对预测概率使用 logit 变换	AutoML_DNN	number of hidden layers=3 hidden layer size=[100,100,100] activation function=rectifier_with_dropout epsilon=1e−9 hidden_dropout_ratio=[0.1,0.1,0.1] input_dropout_ratio=0.2	AutoML_DRF	ntrees=35
AutoML_GBM	ntrees=46 max_depth=3 sample_rate=0.9 col_sample_rate=0.7 col_sample_rate_per_tree=0.7 min_rows=5 min_split_improvement=0.000 1	AutoML_GLM	alpha=0	AutoML_XRT	ntrees=35

表 8-7　自动机器学习中模型性能

模型名称	模型类型	准确度	F1 值	训练集 AUC	验证集 AUC	测试集 AUC
AutoML_stacked	stacked ensemble	0.937	0.936	1.000	0.969	0.954
AutoML_DNN	DNN	0.891	0.896	0.978	0.943	0.950
AutoML_DRF	DRF	0.909	0.909	0.970	0.970	0.946
AutoML_GBM	GBM	0.886	0.890	0.984	0.969	0.937
AutoML_GLM	GLM	0.886	0.891	0.970	0.961	0.952
AutoML_XRT	XRF	0.903	0.901	0.953	0.964	0.951

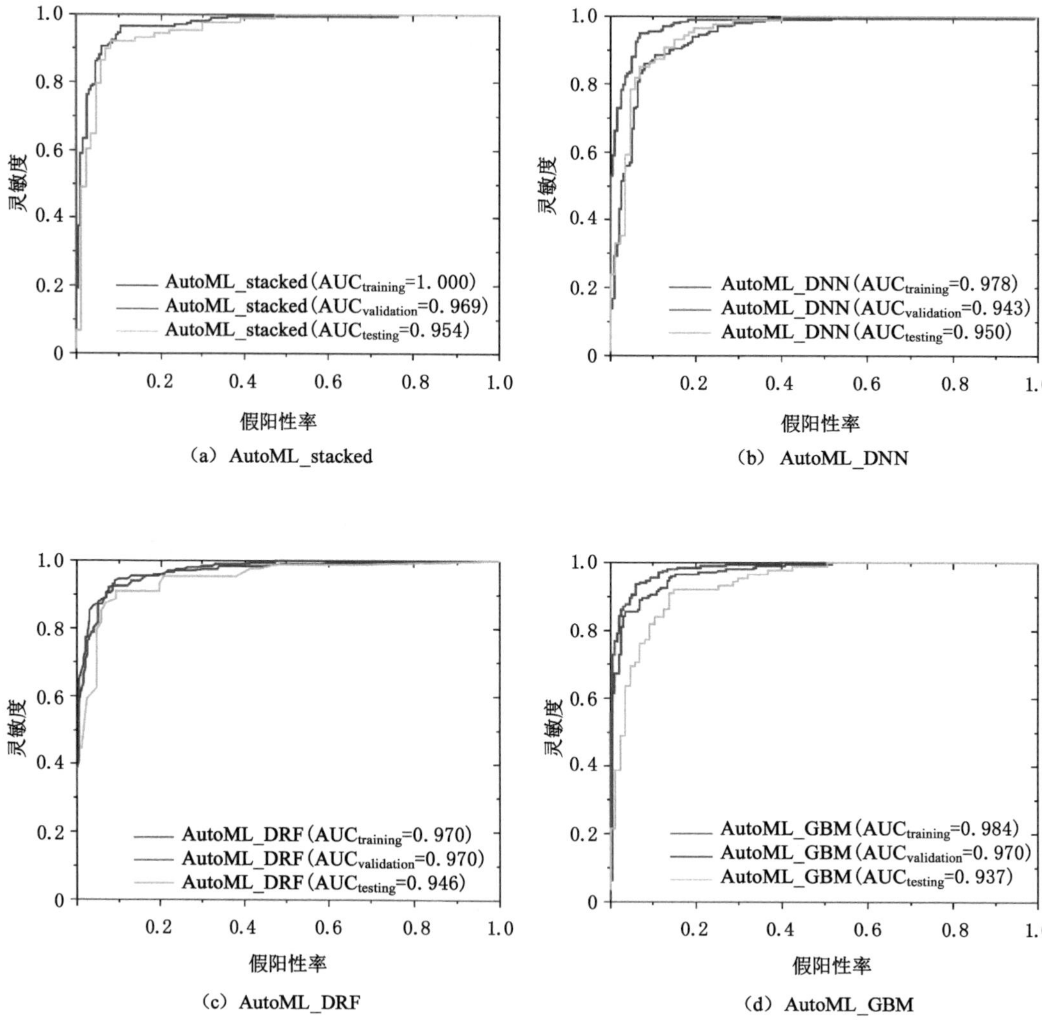

图 8-5　自动机器学习的 ROC 曲线和 AUC

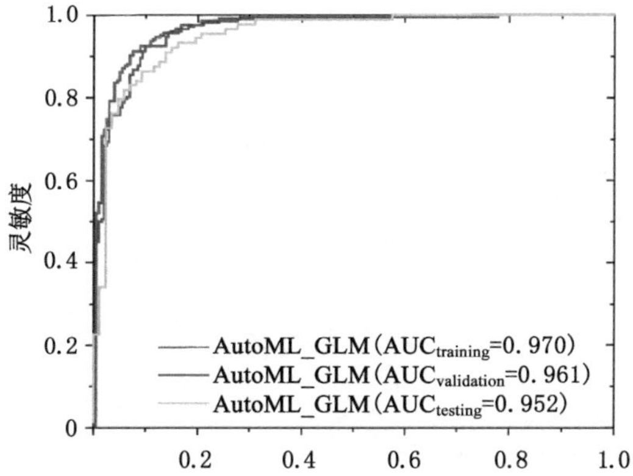

(e) AutoML_GLM

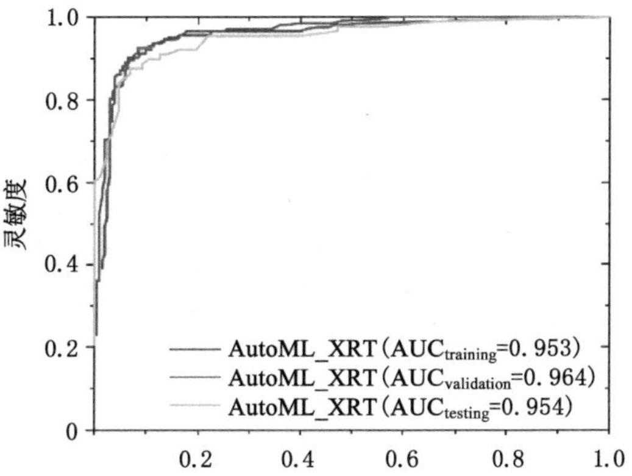

(f) AutoML_XRT

图 8-5(续)

需要注意的是,这些结果仅针对本研究中使用的数据集和任务,并且可能无法推广到其他领域或数据集。然而,这些发现表明,自动机器学习在选择最优模型和超参数方面具有潜力,并且堆叠集成模型在本研究的水库滑坡易发性制图任务中取得了良好的效果。

根据表 8-6 中训练的机器学习模型,我们将研究区内的环境影响因子数据输入模型中,得到了研究区滑坡易发性指数 LSI。采用自然断点法,我们将滑坡易发性指数分为极低、低、中等、高和极高五个等级,并生成了易发性分区图,详见图 8-6。易发性分区图显示,滑坡易发性高和极高的区域主要集中在长江及其支流沿岸区域。这一结果与之前的研究相吻合(Peng et al.,2014;Chen et al.,2015;Wang et al.,2017;Chen et al.,2020),且易发性高和极高的区域与编录清单中滑坡的位置吻合,说明自动机器学习模型对于滑坡易发性的预测具有一定的准确性和可靠性。

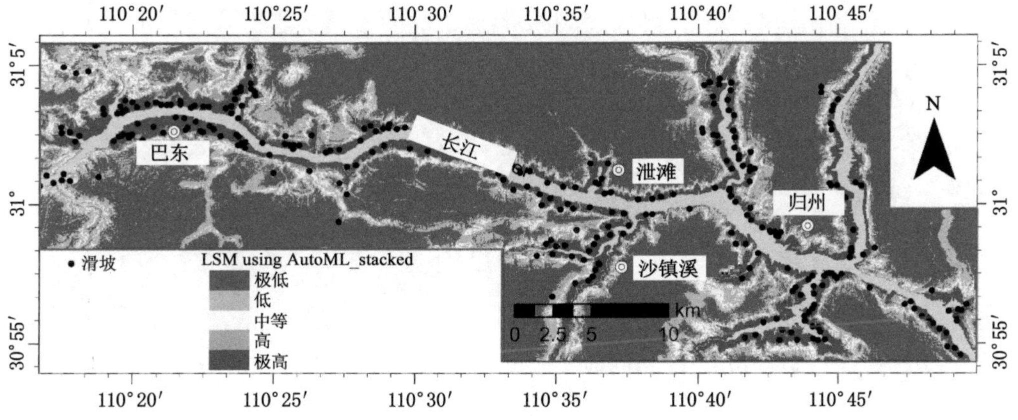

(a) AutoML_stacked

图 8-6　AutoML 生成的滑坡易发性分区图

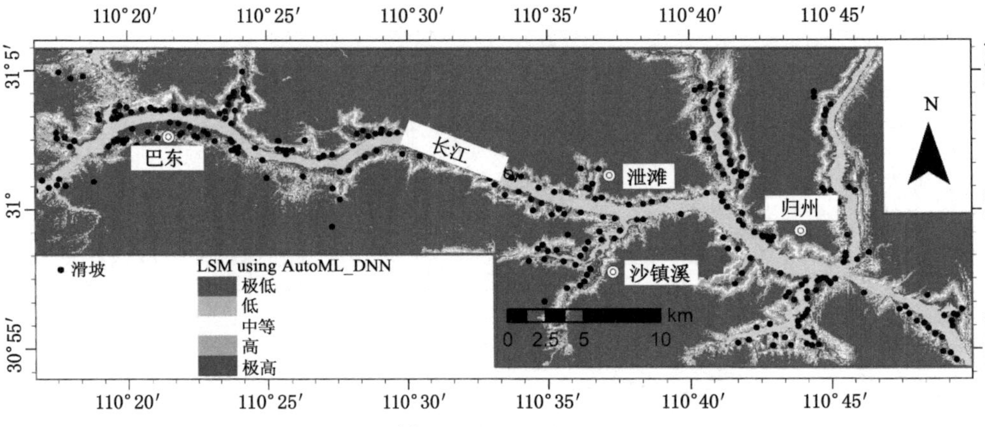

(b) AutoML_DNN

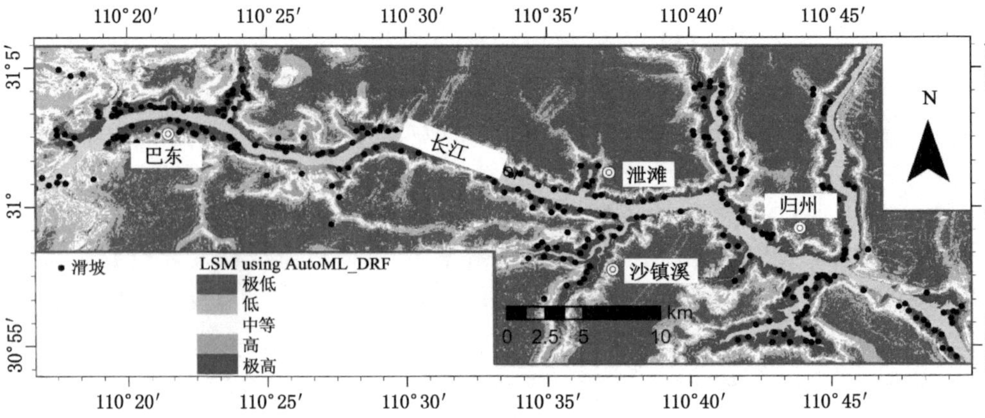

(c) AutoML_DRF

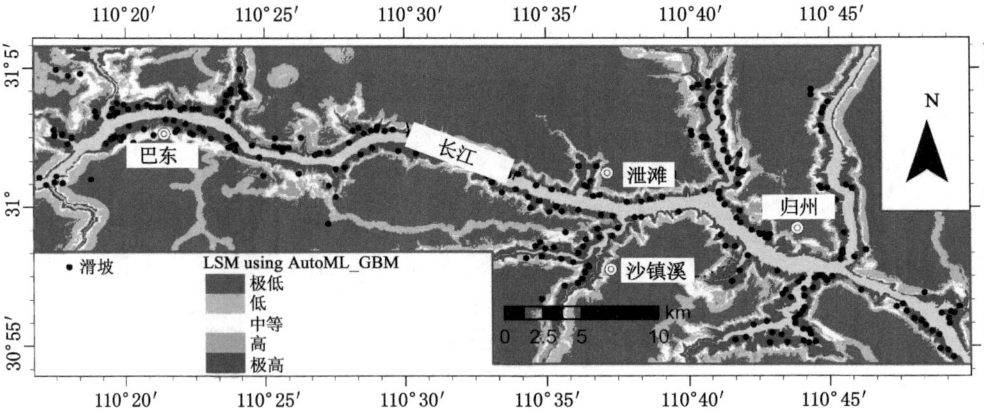

(d) AutoML_GBM

图 8-6(续)

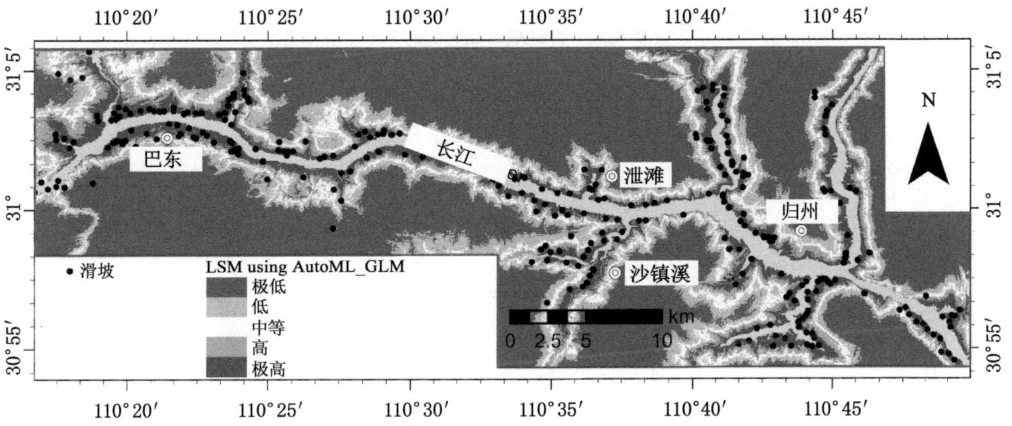

(e) AutoML_GLM

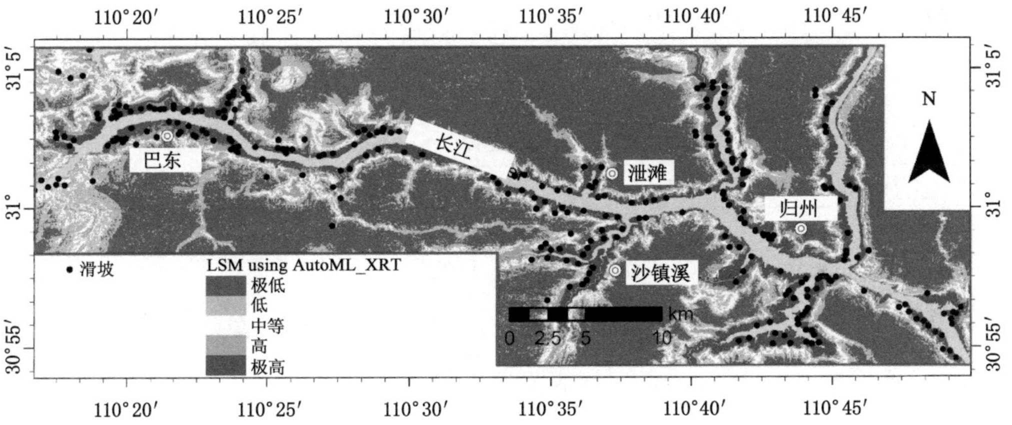

(f) AutoML_XRT

图 8-6(续)

如图 8-6 所示，堆叠集成模型、DRF、GLM、和 XRF 模型生成的易发性分区图与 DNN 和 GBM 模型的易发性分区图之间存在一定的差异。特别是前一组模型显示长江南岸沿 G209 和 S334 公路的区域为滑坡易发性高和极高的区域(道路位置见图 8-1 和图 8-3)，与 Chen 等(2021)的研究结果一致。据统计，G209 和 S334 公路沿线发生过 44 起滑坡。然而，后一组模型却忽视了长江南岸沿 G209 和 S334 公路的滑坡风险区域。

表 8-8 显示了自动机器学习的滑坡易发性分布情况。从极低易发区到极高易发区，三个模型的频率比值呈递增趋势，这说明模型的预测结果是合理的。另外，堆叠集成模型的滑坡易发性分区图涵盖了 282 个高和极高等级的历史滑坡点，XRT 生成的滑坡易发性制图中未包含中等易发性区域。在堆叠集成模型中，极高和高滑坡敏感区的频率比值占总频率比值的 89.66%。这些结果表明，堆叠集成模型对研究区的滑坡易发性进行了相当精确的预测。

表 8-8 基于自动机器学习的滑坡易发性分级表

模型	易发性等级	栅格数	栅格占比/%	滑坡数量	滑坡栅格占比/%	频率比
AutoML_stacked	极低	528 762	49.61	2	0.69	0.013 9
	低	167 043	15.67	2	0.69	0.044 0
	中等	82 579	7.75	4	1.38	0.178 0
	高	88 843	8.34	22	7.59	0.910 1
	极高	198 571	18.63	260	89.66	4.812 1
AutoML_DNN	极低	723 496	67.88	15	5.17	0.076 2
	低	94 855	8.90	19	6.55	0.736 2
	中等	58 851	5.52	27	9.31	1.686 1
	高	81 142	7.61	81	27.93	3.668 7
	极高	107 454	10.08	148	51.03	5.061 9
AutoML_DRF	极低	570 359	53.51	5	1.72	0.032 2
	低	148 450	13.93	4	1.38	0.099 0
	中等	57 815	5.42	4	1.38	0.254 3
	高	74 237	6.97	23	7.93	1.138 6
	极高	214 937	20.17	254	87.59	4.343 1
AutoML_GBM	极低	536 596	50.35	2	0.69	0.013 7
	低	123 996	11.63	7	2.41	0.207 5
	中等	78 139	7.33	7	2.41	0.329 2
	高	126 221	11.84	42	14.48	1.222 9
	极高	200 846	18.84	232	80.00	4.245 2
AutoML_GLM	极低	583 434	54.74	6	2.07	0.037 8
	低	150 807	14.15	7	2.41	0.170 6
	中等	57 686	5.41	7	2.41	0.446 0
	高	56 541	5.31	24	8.28	1.560 0
	极高	217 330	20.39	246	84.83	4.160 0
AutoML_XRT	极低	550 516	51.65	4	1.38	0.026 7
	低	153 975	14.45	3	1.03	0.071 6
	中等	81 786	7.67	0	0	0
	高	88 817	8.33	24	8.28	0.993 1
	极高	190 704	17.89	259	89.31	4.991 3

8.5.2 自动机器学习模型与传统机器学习模型的性能比较

本研究进一步比较了自动机器学习模型与传统机器学习模型。传统机器学习模型通过网格搜索和元启发式算法对超参数进行了优化，具体详见表 8-6。而三峡库区秭归-巴东段滑坡易发性的机器学习模型对比结果详见表 8-9。根据比较结果可知，本研究所建立的自动机器学习模型在准确率、F1 值和 AUC 值方面都优于传统机器学习模型。这主要得益于自动机器学习能够自动识别最合适的模型和超参数。同时，本研究还对比了已有的基于专家经验构建的机器学习模型在三峡库区秭归-巴东段滑坡易发性分区方面的表现。如表 8-9 所示，自动机器学习模型的性能优于基于专家经验的模型。其中，AUC 值最大提升了 11%。

表 8-9　秭归-巴东段滑坡易发性模型对比

参考文献	模型	准确率	F1	AUC	备注
Chen 等(2015)	逻辑回归(LR)	—	—	0.859	基于专家经验设定超参数
Wang 等(2017)	逻辑回归(LR)	0.802 6	—	0.904	基于专家经验设定超参数
	支持向量机(SVM)	0.837 4	—	0.923	
	决策树(DT)	0.841 3	—	0.934	
Chen 等(2020)	随机森林(RF)	0.862 0	—	0.937	基于专家经验设定超参数
	信息量(information value)	0.761 0	—	0.883	
Li 等(2022)	卷积神经网络和递归神经网络的堆叠(stacking of convolutional neural network and recurrent neural network)	0.86	—	0.918	基于专家经验设定超参数
	卷积神经网络(convolutional neural network)	0.839 2	—	0.904	
	递归神经网络(recurrent neural network)	0.836 3	—	0.900	
本研究	多层感知器神经网络(MLP)	0.908	0.904	0.908	基于 GS 调整超参数
	分类回归树(CART)	0.891	0.891	0.891	
	k 近邻算法(KNN)	0.897	0.899	0.898	
	随机森林(RF)	0.908	0.908	0.909	
	支持向量机(SVM)	0.920	0.919	0.920	
	人工蜂群优化支持向量机(ABC-SVM)	0.931	0.930	0.931	基于元启发式方法调整超参数
	灰狼优化支持向量机(GWO-SVM)	0.925	0.923	0.925	
	粒子群优化支持向量机(PSO-SVM)	0.925	0.924	0.925	
	水循环优化支持向量机(WCA-SVM)	0.925	0.923	0.925	
	自动堆叠集成(AutoML_stacked)	***0.937***	***0.936***	***0.954***	自动调整超参数

注：最好的结果以粗斜体显示。

8.5.3　模型解释

部分依赖图(partial dependence plot)是一种可视化机器学习模型中特征与目标变量之间关系的工具。它可以帮助我们理解特征对模型预测的影响，并揭示特征与目标变量之间的非线性关系(Friedman，2001)。部分依赖图通过保持其他特征不变，对某个特征进行变化，来观察该特征对模型预测的影响。具体而言，部分依赖图的生成过程如下：首先，选择要分析的特征；然后，将选择的特征的取值范围进行离散化或均匀采样；对于每个特征取值，保持其他特征不变，输入到训练好的机器学习模型中，记录模型的预测结果；最后，绘制特征取值与对应的模型预测结果之间的关系图，即部分依赖图。

部分依赖图能够反映特征的重要性和特征与目标变量之间的关系。堆叠集成模型的部分依赖图（图 8-7）显示，软-硬相间工程岩组滑坡易发性较高，且与断层、道路和河流的距离越大易发性等级越小。

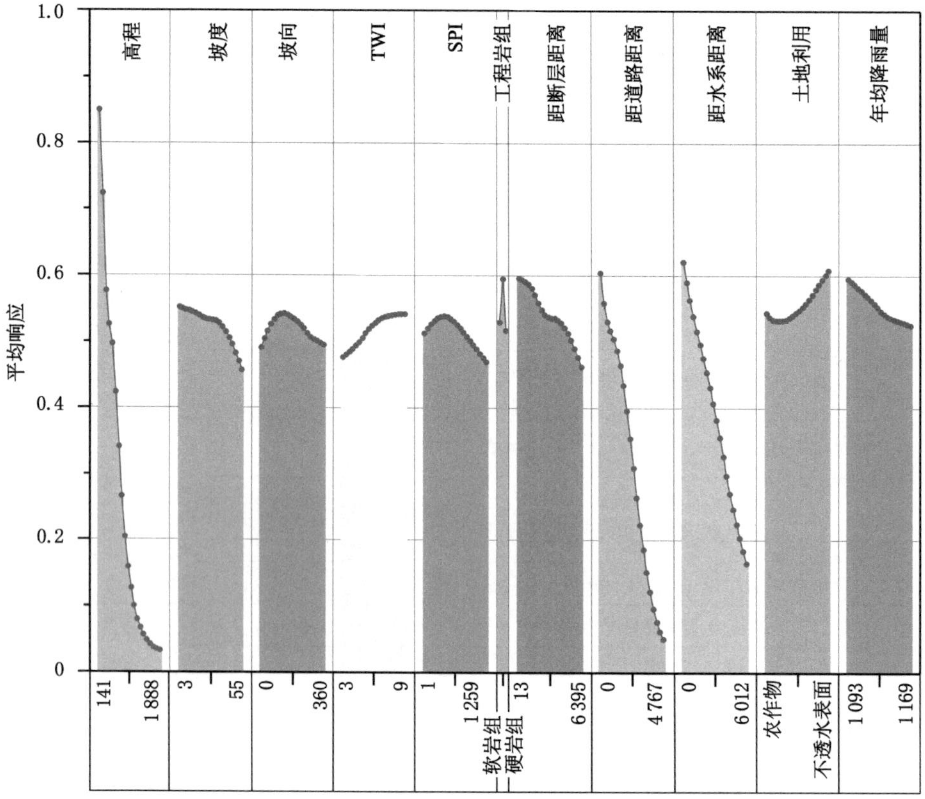

图 8-7　堆叠集成模型部分依赖图

参考文献

陈明东,王兰生,1988.边坡变形破坏的灰色预报方法[J].全国第3次工程地质大会论文集.北京:科学出版社.

贺可强,白建业,王思敬,2005.降雨诱发型堆积层滑坡的位移动力学特征分析[J].岩土力学,26(5):705-709.

黄发明,2017.基于3S和人工智能的滑坡位移预测与易发性评价[D].武汉:中国地质大学.

黄海峰,卢书强,易武,2019.长江三峡库区白水河滑坡、八字门滑坡、树坪滑坡、新滩滑坡、链子崖危岩体专业监测年报汇编(2018年)[G/OL].国家冰川冻土沙漠科学数据中心(http://www.ncdc.ac.cn).https://cstr.cn/CSTR:11738.11.ncdc.Sanxia.2020.103.

黄润秋,许强,1997.斜坡失稳时间的协同预测模型[J].山地研究,15(1):7-12.

黄润秋,2004.论滑坡预报[J].国土资源科技管理,21(6):15-20.

兰恒星,伍法权,周成虎,等,2003.GIS支持下的降雨型滑坡危险性空间分析预测[J].科学通报,48(5):507-512.

李健,2013.基于两步层次聚类的B2C电子商务客户细分研究[D].大连:东北财经大学.

李邵军,冯夏庭,杨成祥,等,2004.基于三维地理信息的滑坡监测及变形预测智能分析[J].岩石力学与工程学报,23(21):3673-3678.

李守定,李晓,刘艳辉,等,2008.千将坪滑坡滑带地质演化过程研究[J].水文地质工程地质,35(2):18-23.

李晓,李守定,陈剑,等,2008.地质灾害形成的内外动力耦合作用机制[J].岩石力学与工程学报,27(9):1792-1806.

李艳华,林剑,龙万学,等,2013.基于位移的滑坡临滑时刻多模型综合预测模糊积分方法[J].自然灾害学报,22(4):208-212.

李云刚,2009.基于移动平均法的改进[J].统计与决策 (19):158-159.

梁学战,唐红梅,2009.三峡库区及邻近地区滑坡发育宏观地学背景分析[J].重庆交通大学学报(自然科学版),28(1):100-104.

刘鼎文,1989.从耗散结构论、协同论、突变论观点讨论断层演化问题:断层演化系统的自组织与地震预报[J].华北地震科学,7(1):1-9.

刘广润,晏鄂川,练操,2002.论滑坡分类[J].工程地质学报,10(4):339-342.

刘华明,齐欢,蔡志强,2003.滑坡预测的非线性混沌模型[J].岩石力学与工程学报,22(3):434-437.

刘磊,殷坤龙,王佳佳,等,2016.降雨影响下的区域滑坡危险性动态评价研究:以三峡库区万州主城区为例[J].岩石力学与工程学报,35(3):558-569.

刘晓,唐辉明,刘瑜,2009.基于集对分析和模糊马尔可夫链的滑坡变形预测新方法研究[J].

岩土力学,30(11):3399-3405.
卢书强,易庆林,易武,等,2014.三峡库区树坪滑坡变形失稳机制分析[J].岩土力学,35(4):1123-1130.
卢永芳,程志磊,王晓卫,等,2012.基于时序指数平滑法的风电场功率预测研究[J].工矿自动化,38(8):75-78.
陆安生,陈永强,屠浩文,2005.决策树C5算法的分析与应用[J].电脑知识与技术,1(9):17-20.
马社祥,刘贵忠,曾召华,2000.基于小波分析的非平稳时间序列分析与预测[J].系统工程学报,15(4):305-311.
聂世平,王志旭,1987.长江流域滑坡分布与环境关系的探讨[J].水土保持通报,7(6):29-37.
乔建平,2012.长江三峡库区蓄水后滑坡危险性预测研究:以重庆市万州区库岸为例[M].北京:科学出版社.
乔建平,吴彩燕,田宏岭,2004.三峡库区云阳-巫山段地层因素对滑坡发育的贡献率研究[J].岩石力学与工程学报,23(17):2920-2924.
秦四清,卢世宗,林韵梅,1990.用Markov链状预测方法估价岩质边坡变形发展的趋势[J].东北大学学报(自然科学版),11(5):440-445.
秦四清,张倬元,王士天,等,1993.工程地质学的未来:非线性工程地质学[J].地质灾害与环境保护,2:11-14.
汤明高,杨何,许强,等,2019.三峡库区滑坡土体渗透特性及参数研究[J].工程地质学报,27(2):325-332.
唐辉明,2015.斜坡地质灾害预测与防治的工程地质研究[M].北京:科学出版社.
王孔伟,张帆,林东成,等,2007.三峡地区新构造活动与滑坡分布关系[J].世界地质,26(1):26-32.
王念秦,王永锋,罗东海,等,2008.中国滑坡预测预报研究综述[J].地质论评,54(3):355-361.
王其涛,2010.元启发式算法在离散选址中的应用[D].南京:南京航空航天大学.
王士天,刘汉超,张倬元,等,1997.大型水域水岩相互作用及其环境效应研究[J].地质灾害与环境保护,8(1):69-88.
王思敬,马凤山,杜永廉,1996.水库地区的水岩作用及其地质环境影响[J].工程地质学报,4(3):1-9.
王思敬,王效宁,1989.大型高速滑坡的能量分析及其灾害预测[C]//1987年全国滑坡学术讨论会滑坡论文选集:117-124.
王效宁,1989.大型高速滑坡机理和滑速滑程预测研究[D].北京:中国科学院地质研究所.
吴佳,高学杰,2013.一套格点化的中国区域逐日观测资料及与其他资料的对比[J].地球物理学报,56(4):1102-1111.
吴益平,滕伟福,李亚伟,2007.灰色-神经网络模型在滑坡变形预测中的应用[J].岩石力学与工程学报,26(3):632-636.
肖诗荣,胡志宇,卢树盛,等,2013.三峡库区水库复活型滑坡分类[J].长江科学院院报,

30(11):39-44.

许冲,戴福初,姚鑫,等,2009. GIS 支持下基于层次分析法的汶川地震区滑坡易发性评价[J]. 岩石力学与工程学报,28(增 2):3978-3985.

薛薇,陈欢歌,2010. Clementine 数据挖掘方法及应用[M]. 北京:电子工业出版社.

严福章,王思敬,徐瑞春,2003. 清江隔河岩水库蓄水后茅坪滑坡的变形机理及其发展趋势研究[J]. 工程地质学报,11(1):15-24.

晏同珍,殷坤龙,伍法权,等,1988. 滑坡定量预测研究的进展[J]. 水文地质工程地质,15(6):8-14.

杨帆,许强,范宣梅,等,2019. 基于时间序列与人工蜂群支持向量机的滑坡位移预测研究[J]. 工程地质学报,27(4):880-889.

殷坤龙,陈丽霞,张桂荣,2007. 区域滑坡灾害预测预警与风险评价[J]. 地学前缘,14(6):13.

曾裕平,2009. 重大突发性滑坡灾害预测预报研究[D]. 成都:成都理工大学.

张纫兰,王少军,李江风,2014. 基于 Mamdani FIS 模型的滑坡易发性评价研究[J]. 岩土力学,35(增 2):437-444.

张永兴,文海家,欧敏,2005. 滑坡灾变智能预测理论及其应用[M]. 北京:科学出版社.

张倬元,黄润秋,1988. 岩体失稳前系统的线性和非线性状态及破坏时间预报的"黄金分割数"法[J]. 全国第 3 次工程地质大会论文选集,北京:科学出版社.

周家文,陈明亮,李海波,等,2019. 水动力型滑坡形成运动机理与防控减灾技术[J]. 工程地质学报,27(5):1131-1145.

ABDAR M, POURPANAH F, HUSSAIN S, et al, 2021. A review of uncertainty quantification in deep learning: techniques, applications and challenges[J]. Information fusion, 76:243-297.

ABDERAZEK H, YILDIZ A R, MIRJALILI S 2020. Comparison of recent optimization algorithms for design optimization of a cam-follower mechanism[J]. Knowledge-based systems, 191:105237.

ADADI A, BERRADA M, 2018. Peeking inside the black-box: a survey on explainable artificial intelligence (XAI)[J]. IEEE access, 6:52138-52160.

ASGARI M, YANG W H, FARNAGHI M, 2022. Spatiotemporal data partitioning for distributed random forest algorithm: air quality prediction using imbalanced big spatiotemporal data on spark distributed framework[J]. Environmental technology and innovation, 27:102776.

AYALEW L, YAMAGISHI H, 2005. The application of GIS-based logistic regression for landslide susceptibility mapping in the Kakuda-Yahiko Mountains, Central Japan[J]. Geomorphology, 65(1/2):15-31.

AZARAFZA M, AZARAFZA M, AKGÜN H, et al, 2021. Deep learning-based landslide susceptibility mapping[J]. Scientific reports, 11:24112.

BABAOGLU I, 2015. Artificial bee colony algorithm with distribution-based update rule [J]. Applied soft computing, 34:851-861.

BALOGUN A L, REZAIE F, PHAM Q B, et al, 2021. Spatial prediction of landslide susceptibility in western Serbia using hybrid support vector regression (SVR) with GWO,BAT and COA algorithms[J]. Geoscience frontiers,12(3):101104.

BAR-ILAN J,LEVENE M,LIN A,2007. Some measures for comparing citation databases [J]. Journal of informetrics,1(1):26-34.

BOORE D M,ATKINSON G M,2008. Ground-motion prediction equations for the average horizontal component of PGA,PGV,and 5%-damped PSA at spectral periods between 0.01s and 10.0s[J]. Earthquake spectra,24(1):99-138.

BÖRNER K, CHEN C M, BOYACK K W, 2003. Visualizing knowledge domains [J]. Annual review of information science and technology,37:179-255.

BOYLE M,FIEBIG D,FIEBIG U,2002. Residual entropy,conditional entropy and subshift covers[J]. Forum mathematicum,14(5):713-757.

BROWN G B, POCOCK A C, ZHAO M J, et al, 2012. Conditional likelihood maximisation: a unifying framework for information theoretic feature selection[J]. Journal of machine learning research,13:27-66.

BUI D T,PRADHAN B,LOFMAN O,et al,2012. Landslide susceptibility assessment in Vietnam using support vector machines, decision tree, and Naïve Bayes models [J]. Mathematical problems in engineering:1-26.

BUI D T, TUAN T A, KLEMPE H, et al, 2016. Spatial prediction models for shallow landslide hazards:a comparative assessment of the efficacy of support vector machines,artificial neural networks, kernel logistic regression, and logistic model tree[J]. Landslides, 13(2): 361-378.

BUI D T, NGUYEN Q P, HOANG N D, et al, 2017. A novel fuzzy K-nearest neighbor inference model with differential evolution for spatial prediction of rainfall-induced shallow landslides in a tropical hilly area using GIS[J]. Landslides,14(1):1-17.

BUI D T, TSANGARATOS P, NGUYEN V T, et al, 2020. Comparing the prediction performance of a Deep Learning Neural Network model with conventional machine learning models in landslide susceptibility assessment[J]. Catena,188:104426.

CARVALHO D V, PEREIRA E M, CARDOSO J S, 2019. Machine learning interpretability:a survey on methods and metrics[J]. Electronics,8(8):832.

CATANI F, LAGOMARSINO D, SEGONI S, et al, 2013. Landslide susceptibility estimation by random forests technique: sensitivity and scaling issues [J]. Natural hazards and earth system sciences,13(11):2815-2831.

Centre for Research on the Epidemiology of Disasters, 2020. EM-DAT: International disaster database[R]. Catholic University of Louvain,Brussels.

CHATTERJEE J,DETHLEFS N,2021. Scientometric review of artificial intelligence for operations and maintenance of wind turbines:the past,present and future[J]. Renewable and sustainable energy reviews,144:111051.

CHEN L F,GUO H X,GONG P S,et al,2021. Landslide susceptibility assessment using weights-of-evidence model and cluster analysis along the highways in the Hubei section of the Three Gorges Reservoir Area[J]. Computers and geosciences,156:104899.

CHEN T,NIU R Q,DU B,et al,2015. Landslide spatial susceptibility mapping by using GIS and remote sensing techniques: a case study in Zigui County, the Three Georges Reservoir,China[J]. Environmental earth sciences,73(9):5571-5583.

CHEN T, ZHU L, NIU R Q, et al, 2020. Mapping landslide susceptibility at the Three Gorges Reservoir, China, using gradient boosting decision tree, random forest and information value models[J]. Journal of mountain science,17(3):670-685.

CHEN W Y,ZHANG L M,2022. An automated machine learning approach for earthquake casualty rate and economic loss prediction[J]. Reliability engineering and system safety, 225:108645.

CHEN W, PANAHI M, TSANGARATOS P, et al, 2019. Applying population-based evolutionary algorithms and a neuro-fuzzy system for modeling landslide susceptibility [J]. Catena,172:212-231.

CHIU T,FANG D P,CHEN J,et al,2001. A robust and scalable clustering algorithm for mixed type attributes in large database environment[C]//Proceedings of the seventh ACM SIGKDD international conference on knowledge discovery and data mining. August 26-29,2001,San Francisco,California. ACM:263-268.

CLAESSENS L,SCHOORL J M,VELDKAMP A,2007. Modelling the location of shallow landslides and their effects on landscape dynamics in large watersheds:an application for Northern New Zealand[J]. Geomorphology,87(1/2):16-27.

COOK D, 2016. Practical machine learning with H_2O: powerful, scalable techniques for deep learning and AI[M]. Sebastopol:O'Reilly Media,Inc.

CORTES C, VAPNIK V, 1995. Support-vector networks[J]. Machine learning, 20(3): 273-297.

CRUDEN D M,VARNES D J,1996. Landslide types and processes[M]//TURNER A K, SCHUSTER R L. Special Report 247: Landslides investigation and mitigation, Transportation Research Board, US National Research Council, Washington, D. C. , 36-75.

DAI F C, LEE C F, 2001. Frequency-volume relation and prediction of rainfall-induced landslides[J]. Engineering geology,59(3/4):253-266.

DENG L,YU D,2014. Deep learning:methods and applications[J]. Foundations and trends in signal processing,7(3-4):197-387.

DEPINA I,JAIN S,MAR VALSSON S,et al,2022. Application of physics-informed neural networks to inverse problems in unsaturated groundwater flow[J]. Georisk:assessment and management of risk for engineered systems and geohazards,16(1):21-36.

DERRAC J, GARCÍA S, MOLINA D, et al, 2011. A practical tutorial on the use of nonparametric statistical tests as a methodology for comparing evolutionary and swarm intelligence algorithms[J]. Swarm and evolutionary computation,1(1):3-18.

DIKSHIT A, PRADHAN B, ALAMRI A M, 2021. Pathways and challenges of the application of artificial intelligence to geohazards modelling[J]. Gondwana research, 100: 290-301.

DU J, YIN K L, LACASSE S, 2013. Displacement prediction in colluvial landslides, Three Gorges Reservoir, China[J]. Landslides, 10(2): 203-218.

EBERT-UPHOFF I, SAMARASINGHE S, BARNES E, 2019. Thoughtfully using artificial intelligence in earth science[J]. Eos, 100: (10.1029).

EINSTEIN H, 1988. Special lecture, landslide risk assessment[C]// Proc 5th Int Symp On Landslides, Lausanne, Switzerland AA Balkema, Rotterdam: 1075-1090.

ERMINI L, CATANI F, CASAGLI N, 2005. Artificial Neural Networks applied to landslide susceptibility assessment[J]. Geomorphology, 66(1/2/3/4): 327-343.

ESCALANTE H J, YAO Q M, TU W W, et al, 2021. Guest editorial: automated machine learning[J]. IEEE transactions on pattern analysis and machine intelligence, 43(9): 2887-2890.

ESKANDAR H, SADOLLAH A, BAHREININEJAD A, et al, 2012. Water cycle algorithm-A novel metaheuristic optimization method for solving constrained engineering optimization problems[J]. Computers and structures, (110/111): 151-166.

FALAGAS M E, PITSOUNI E I, MALIETZIS G A, et al, 2008. Comparison of PubMed, Scopus, Web of Science, and Google Scholar: strengths and weaknesses[J]. FASEB journal, 22(2): 338-342.

FALL M, AZZAM R, NOUBACTEP C. A, 2005. Multi-method approach to study the stability of natural slopes and landslide susceptibility mapping[J]. Engineering geology, 82(4): 241-263.

FALLATAH O, AHMED M, GYAWALI B, et al, 2022. Factors controlling groundwater radioactivity in arid environments: an automated machine learning approach[J]. The science of the total environment, 830: 154707.

FANG Z C, WANG Y, DUAN G H, et al, 2021. Landslide susceptibility mapping using rotation forest ensemble technique with different decision trees in the Three Gorges Reservoir area, China[J]. Remote sensing, 13(2): 238.

FERREIRA L, PILASTRI A, MARTINS C M, et al, 2021. A comparison of AutoML tools for machine learning, deep learning and XGBoost [C]//2021 International Joint Conference on Neural Networks (IJCNN). Shenzhen, China. IEEE: 1-8.

FEURER M, EGGENSPERGER K, FALKNER S, et al, 2020. Auto-sklearn 2.0: Hands-free automl via meta-learning[J]. arXiv preprint: 200704074.

FLEURET F, 2004. Fast binary feature selection with conditional mutual information[J]. Journal of machine learning research, 5: 1531-1555.

FRIEDMAN J H, 2001. Greedy function approximation: a gradient boosting machine[J]. The annals of statistics, 29(5): 1189-1232.

FU Z Y, LI C D, YAO W M, 2023. Landslide susceptibility assessment through TrAdaBoost transfer learning models using two landslide inventories[J]. Catena,

222:106799.

GENEVOIS R,GHIROTTI M,2005. The 1963 Vaiont landslide[J]. Giornale di geologia applicata,1:41-52.

GEWIN V,2016. Data sharing:an open mind on open data[J]. Nature,529:117-119.

GHAHRAMANI Z, 2015. Probabilistic machine learning and artificial intelligence[J]. Nature,521:452-459.

GHOSH J K, BHATTACHARYA D, 2010. Knowledge-based landslide susceptibility zonation system[J]. Journal of computing in civil engineering,24(4):325-334.

GOETZ J N,BRENNING A,PETSCHKO H,et al,2015. Evaluating machine learning and statistical prediction techniques for landslide susceptibility modeling[J]. Computers and geosciences,81:1-11.

GÓMEZ H, KAVZOGLU T, 2005. Assessment of shallow landslide susceptibility using artificial neural networks in Jabonosa River Basin, Venezuela[J]. Engineering geology, 78(1/2):11-27.

GONG P, LIU H, ZHANG M N, et al, 2019. Stable classification with limited sample: transferring a 30-m resolution sample set collected in 2015 to mapping 10 m resolution global land cover in 2017[J]. Science bulletin,64(6):370-373.

GOU J P, MA H X, OU W H, et al, 2019. A generalized mean distance-based k-nearest neighbor classifier[J]. Expert systems with applications,115:356-372.

GUIDICINI G, IWASA O Y, 1977. Tentative correlation between rainfall and landslides in a humid tropical environment[J]. Bulletin of the international association of engineering geology, 16(1):13-20.

GUIDOTTI R, MONREALE A, RUGGIERI S, et al, 2019. A survey of methods for explaining black box models[J]. ACM computing surveys,51(5):1-42.

GUO W H, ZUO X Q, YU J W, et al, 2019. Method for mid-long-term prediction of landslides movements based on optimized apriori algorithm[J]. Applied sciences,9(18):3819.

GUZZETTI F, CARRARA A, CARDINALI M, et al, 1999. Landslide hazard evaluation: a review of current techniques and their application in a multi-scale study, Central Italy [J]. Geomorphology,31(1):181-216.

HARUYAMA M, KITAMURA R, 1984. An evaluation method by the quantification theory for the risk degree of landslide caused by rainfall in active volcanic area[J]. Int Symp Landslides, Toronto:435-440.

HE K Q, LI X R, YAN X Q, et al, 2008. The landslides in the Three Gorges Reservoir Region, China and the effects of water storage and rain on their stability[J]. Environmental geology,55(1):55-63.

HE L, HOU H Q, 2008. Research on semi-automatic construction of domain ontology based on machine learning and clustering technique[C]//2008 International Symposium on Intelligent Information Technology Application Workshops. Shanghai, China. IEEE: 345-348.

HEY T, TANSLEY S, TOLLE K, 2009. The fourth paradigm: data-intensive scientific discovery[M]. Heidelberg: Springer.

HILL E J, PEARCE M A, STROMBERG J M, 2021. Improving automated geological logging of drill holes by incorporating multiscale spatial methods[J]. Mathematical geosciences, 53(1): 21-53.

HO Y S, WANG M H, 2020. A bibliometric analysis of artificial intelligence publications from 1991 to 2018[J]. Collnet journal of scientometrics and information management, 14(2): 369-392.

HOFFMAN R R, MUELLER S T, KLEIN G, et al, 2018. Metrics for explainable AI: challenges and prospects[J]. ArXiv e-Prints: arXiv: 1812. 04608.

HONG H Y, LIU J Z, ZHU A X, 2020. Modeling landslide susceptibility using LogitBoost alternating decision trees and forest by penalizing attributes with the bagging ensemble [J]. The science of the total environment, 718: 137231.

HONG H Y, TSANGARATOS P, ILIA I, et al, 2020. Introducing a novel multi-layer perceptron network based on stochastic gradient descent optimized by a meta-heuristic algorithm for landslide susceptibility mapping[J]. The science of the total environment, 742: 140549.

HU R H, HUANG Q J, CHANG S, et al, 2019. The MBPEP: a deep ensemble pruning algorithm providing high quality uncertainty prediction[J]. Applied intelligence, 49(8): 2942-2955.

HU X L, ZHANG M, SUN M J, et al, 2015. Deformation characteristics and failure mode of the Zhujiadian landslide in the Three Gorges Reservoir, China [J]. Bulletin of engineering geology and the environment, 74(1): 1-12.

HUA Y, WANG X M, LI Y W, et al, 2021. Dynamic development of landslide susceptibility based on slope unit and deep neural networks[J]. Landslides, 18(1): 281-302.

HUANG F M, CAO Z S, GUO J F, et al, 2020. Comparisons of heuristic, general statistical and machine learning models for landslide susceptibility prediction and mapping[J]. Catena, 191: 104580.

HUANG F M, YAN J, FAN X M, et al, 2022. Uncertainty pattern in landslide susceptibility prediction modelling: effects of different landslide boundaries and spatial shape expressions[J]. Geoscience frontiers, 13(2): 101317.

HUANG F M, ZHANG J, ZHOU C B, et al, 2019. A deep learning algorithm using a fully connected sparse autoencoder neural network for landslide susceptibility prediction[J]. Landslides, 17(1): 217-229.

HUANG N E, SHEN Z, LONG S R, et al, 1998. The empirical mode decomposition and the Hilbert spectrum for nonlinear and non-stationary time series analysis[C]//Proceedings of the Royal Society of London Series A: Mathematical, physical and engineering sciences, 454(1971): 903-995.

HUANG Y, ZHAO L, 2018. Review on landslide susceptibility mapping using support vector machines[J]. Catena,165:520-529.

HÜLLERMEIER E, WAEGEMAN W, 2021. Aleatoric and epistemic uncertainty in machine learning: an introduction to concepts and methods[J]. Machine learning, 110(3):457-506.

HUNGR O, LEROUEIL S, PICARELLI L, 2014. The Varnes classification of landslide types, an update[J]. Landslides, 11(2):167-194.

HUTTER F, KOTTHOFF L, VANSCHOREN J, 2019. Automated machine learning: methods, systems, challenges[M]. Cham, Switzerland: Springer.

JAIN A K, MAO J C, MOHIUDDIN K M, 1996. Artificial neural networks: a tutorial[J]. Computer, 29(3):31-44.

JAKULIN A, 2005. Machine learning based on attribute interactions [D]. Ljubljani: Univerza v Ljubljani.

JI S P, YU D W, SHEN C Y, et al, 2020. Landslide detection from an open satellite imagery and digital elevation model dataset using attention boosted convolutional neural networks[J]. Landslides, 17(6):1337-1352.

JIANG S J, ZHENG Y, SOLOMATINE D, 2020. Improving AI system awareness of geoscience knowledge: symbiotic integration of physical approaches and deep learning [J]. Geophysical research letters, 47(13):e88229.

KAVEH A, ZOLGHADR A, 2014. Comparison of nine meta-heuristic algorithms for optimal design of truss structures with frequency constraints [J]. Advances in engineering software, 76:9-30.

KAVZOGLU T, SAHIN E K, COLKESEN I, 2014. Landslide susceptibility mapping using GIS-based multi-criteria decision analysis, support vector machines, and logistic regression[J]. Landslides, 11(3):425-439.

KENNEDY J, EBERHART R, 1995. Particle swarm optimization[C]//Proceedings of ICNN'95-International Conference on Neural Networks. Perth, WA, Australia. IEEE: 1942-1948.

KIM H, LEE J H, PARK H J, et al, 2021. Assessment of temporal probability for rainfall-induced landslides based on nonstationary extreme value analysis [J]. Engineering geology, 294:106372.

KIM I K, LEE K, PARK J H, et al, 2021. Classification of pachychoroid disease on ultrawide-field indocyanine green angiography using auto-machine learning platform[J]. The British journal of ophthalmology, 105(6):856-861.

KOTSIANTIS S B, 2013. Decision trees: a recent overview [J]. Artificial intelligence review, 39(4):261-283.

KOTTHOFF L, THORNTON C, HOOS H H, et al, 2019. Auto-WEKA: Automatic model selection and hyperparameter optimization in WEKA[M]//HUTTER F, KOTTHOFF L, VANSCHOREN J. Automated machine learning. Cham: Springer.

KUHN T S, 1996. The Structure of Scientific Revolutions[M]. Chicago: University of

Chicago Press.

KUPINSKI M A,HOPPIN J W,CLARKSON E,et al,2003. Ideal-observer computation in medical imaging with use of Markov-chain Monte Carlo techniques[J]. Journal of the Optical Society of America A,20(3):430-438.

LECUN Y,BENGIO Y,HINTON G,2015. Deep learning[J]. Nature,521:436-444.

LEWIS D D,1992. Feature selection and feature extraction for text categorization[C]// Proceedings of the workshop on Speech and Natural Language,Harriman,New York.

LI C D,CRISS R E,FU Z Y,et al,2021. Evolution characteristics and displacement forecasting model of landslides with stair-step sliding surface along the Xiangxi River, three Gorges Reservoir region,China[J]. Engineering geology,283:105961.

LI H J,XU Q,HE Y S,et al,2018. Prediction of landslide displacement with an ensemble-based extreme learning machine and copula models[J]. Landslides,15(10):2047-2059.

LI P X,LU Y J,YAN D,et al,2021. Scientometric mapping of smart building research: towards a framework of human-cyber-physical system (HCPS)[J]. Automation in construction,129:103776.

LI S L,XU Q,TANG M G,et al,2018. Characterizing the spatial distribution and fundamental controls of landslides in the Three Gorges Reservoir area, China[J]. Bulletin of engineering geology and the environment,78(6):4275-4290.

LI W J,FANG H Y,QIN G X,et al,2020. Concentration estimation of dissolved oxygen in Pearl River Basin using input variable selection and machine learning techniques[J]. The science of the total environment,731:139099.

LI W J,FANG Z C,WANG Y,2022. Stacking ensemble of deep learning methods for landslide susceptibility mapping in the Three Gorges Reservoirarea,China[J]. Stochastic environmental research and risk assessment,36(8):2207-2228.

LI Y W,WANG X M,MAO H,2020. Influence of human activity on landslide susceptibility development in the Three Gorges area[J]. Natural hazards,104(3): 2115-2151.

LIAN C,ZENG Z G,WANG X P,et al,2020. Landslide displacement interval prediction using lower upper bound estimation method with pre-trained random vector functional link network initialization[J]. Neural networks,130:286-296.

LIAN C,ZENG Z G,YAO W,et al,2013. Displacement prediction model of landslide based on a modified ensemble empirical mode decomposition and extreme learning machine[J]. Natural hazards,66(2):759-771.

LIN D H,TANG X O,2006. Conditional infomax learning:an integrated framework for feature extraction and fusion[C]// European conference on computer vision 2006. Berlin,Heidelberg:Springer Berlin Heidelberg.

LIU S L,WANG L Q,ZHANG W G,et al,2023. A comprehensive review of machine learning-based methods in landslide susceptibility mapping[J]. Geological journal, 58(6):2283-2301.

LOMBARDO L, MAI P M, 2018. Presenting logistic regression-based landslide susceptibility results[J]. Engineering geology, 244: 14-24.

MA J W, LIU X, NIU X X, et al, 2020a. Forecasting of landslide displacement using a probability-scheme combination ensemble prediction technique[J]. International journal of environmental research and public health, 17(13): 4788.

MA J W, NIU X X, TANG H M, et al, 2020b. Displacement prediction of a complex landslide in the Three Gorges Reservoir area (China) using a hybrid computational intelligence approach[J]. Complexity, 2020: 2624547.

MA J W, TANG H M, HU X L, et al, 2017. Identification of causal factors for the Majiagou landslide using modern data mining methods[J]. Landslides, 14(1): 311-322.

MA J W, TANG H M, LIU X, et al, 2018. Probabilistic forecasting of landslide displacement accounting for epistemic uncertainty: a case study in the Three Gorges Reservoir area, China[J]. Landslides, 15(6): 1145-1153.

MA J W, XIA D, GUO H X, et al, 2022a. Metaheuristic-based support vector regression for landslide displacement prediction: a comparative study[J]. Landslides, 19(10): 2489-2511.

MA J W, XIA D, WANG Y K, et al, 2022b. A comprehensive comparison among metaheuristics (MHs) for geohazard modeling using machine learning: insights from a case study of landslide displacement prediction[J]. Engineering applications of artificial intelligence, 114: 105150.

MA Z J, MEI G, 2021. Deep learning for geological hazards analysis: data, models, applications, and opportunities[J]. Earth science reviews, 223: 103858.

MARJANOVIĆ M, EVIĆ M, BAJAT B, et al, 2011. Landslide susceptibility assessment using SVM machine learning algorithm[J]. Engineering geology, 123(3): 225-234.

MARTINEZ P, AL-HUSSEIN M, AHMAD R, 2019. A scientometric analysis and critical review of computer vision applications for construction[J]. Automation in construction, 107: 102947.

MATER A C, COOTE M L, 2019. Deep learning in chemistry[J]. Journal of chemical information and modeling, 59(6): 2545-2559.

MEHROLIA S, ALAGARSAMY S, SOLAIKUTTY V M, 2021. Customers response to online food delivery services during COVID-19 outbreak using binary logistic regression[J]. International journal of consumer studies, 45(3): 396-408.

MERGHADI A, YUNUS A P, DOU J, et al, 2020. Machine learning methods for landslide susceptibility studies: a comparative overview of algorithm performance[J]. Earth-Science reviews, 207: 103225.

MEYERP E, BONTEMPI G, 2006. On the use of variable complementarity for feature selection in cancer classification[M]//Lecture Notes in Computer Science. Berlin, Heidelberg: Springer Berlin Heidelberg.

MIAO F S, WU Y P, XIE Y H, et al, 2018. Prediction of landslide displacement with steplike behavior based on multialgorithm optimization and a support vector regression model[J]. Landslides,15(3):475-488.

MIAO F S,WU Y P,TÖRÖK Á,et al,2022a. Centrifugal model test on a riverine landslide in the Three Gorges Reservoir induced by rainfall and water level fluctuation[J]. Geoscience frontiers,13(3):101378.

MIAO F S,ZHAO F C,WU Y P,et al,2022b. A novel seepage device and ring-shear test on slip zone soils of landslide in the Three Gorges Reservoir area[J]. Engineering geology,307:106779.

MICHELETTI N, FORESTI L, ROBERT S, et al, 2014. Machine learning feature selection methods for landslide susceptibility mapping[J]. Mathematical geosciences,46(1):33-57.

MIN S,LEE B,YOON S,2017. Deep learning in bioinformatics[J]. Briefings in bioinformatics,18(5):851-869.

MOHSENI S, ZAREI N, RAGAN E D, 2021. A multidisciplinary survey and framework for design and evaluation of explainable AI systems[J]. ACM transactions on interactive intelligent systems,11(3/4):1-45.

MOLNAR C,CASALICCHIO G,BISCHL B,2020. Interpretable machine learning-A brief history, state-of-the-art and challenges[C]//Joint European Conference on Machine Learning and Knowledge Discovery in Databases. Cham:Springer:417-431.

MOLNAR C,KÖNIG G,HERBINGER J,et al,2020. Pitfalls to avoid when interpreting machine learning models[J]. ArXiv e-Prints:arXiv.

MOUSAVI S M, ELLSWORTH W L, ZHU W Q, et al, 2020. Earthquake transformer: an attentive deep-learning model for simultaneous earthquake detection and phase picking[J]. Nature communications,11:3952.

MU’AZU M A, 2023. Enhancing slope stability prediction using fuzzy and neural frameworks optimized by metaheuristic science[J]. Mathematical geosciences, 55(2): 263-285.

NALEPA J,KAWULOK M,2019. Selecting training sets for support vector machines: a review[J]. Artificial intelligence review,52(2):857-900.

NEAL R M,2012. Bayesian learning for neural networks[M]. New York: Springer New York.

NEFESLIOGLU H A,DUMAN T Y,DURMAZ S,2008. Landslide susceptibility mapping for a part of tectonic Kelkit Valley (Eastern Black Sea region of Turkey)[J]. Geomorphology,94(3):401-418.

NGO P T,PANAHI M,KHOSRAVI K,et al,2021. Evaluation of deep learning algorithms for national scale landslide susceptibility mapping of Iran[J]. Geoscience frontiers, 12(2):505-519.

OLAWUMI T O, CHAN D W M, 2018. A scientometric review of global research on sustainability and sustainable development[J]. Journal of cleaner production, 183: 231-250.

PENG H C, LONG F H, DING C, 2005. Feature selection based on mutual information: criteria of max-dependency, max-relevance, and Min-redundancy[J]. IEEE transactions on pattern analysis and machine intelligence, 27(8): 1226-1238.

PENG L, NIU R Q, HUANG B, et al, 2014. Landslide susceptibility mapping based on rough set theory and support vector machines: a case of the Three Gorges area, China [J]. Geomorphology, 204: 287-301.

PETSCHKO H, BRENNING A, BELL R, et al, 2014. Assessing the quality of landslide susceptibility maps-case study Lower Austria[J]. Natural hazards and earth system sciences, 14(1): 95-118.

PHAM B T, BUI D T, PRAKASH I, 2018. Landslide susceptibility modelling using different advanced decision trees methods[J]. Civil engineering and environmental systems, 35(1/2/3/4): 139-157.

PHAM B T, PRADHAN B, BUI D T, et al, 2016. A comparative study of different machine learning methods for landslide susceptibility assessment[J]. Environmental modelling and software, 84: 240-250.

POURGHASEMI H R, PRADHAN B, GOKCEOGLU C, 2012. Application of fuzzy logic and analytical hierarchy process (AHP) to landslide susceptibility mapping at Haraz watershed, Iran[J]. Natural hazards, 63(2): 965-996.

POURGHASEMI H R, RAHMATI O, 2018. Prediction of the landslide susceptibility: which algorithm, which precision? [J]. Catena, 162: 177-192.

PRADHAN B, LEE S, 2009. Landslide risk analysis using artificial neural network model focussing on different training sites[J]. International journal of the physical sciences, 4(1): 1-15.

PRADHAN B, 2013. A comparative study on the predictive ability of the decision tree, support vector machine and neuro-fuzzy models in landslide susceptibility mapping using GIS[J]. Computers and geosciences, 51: 350-365.

RAGHAVENDRA N S, DEKA P C, 2014. Support vector machine applications in the field of hydrology: a review[J]. Applied soft computing, 19: 372-386.

REICHENBACH P, ROSSI M, MALAMUD B D, et al, 2018. A review of statistically-based landslide susceptibility models[J]. Earth science reviews, 180: 60-91.

REICHSTEIN M, CAMPS-VALLS G, STEVENS B, et al, 2019. Deep learning and process understanding for data-driven Earth system science[J]. Nature, 566: 195-204.

RUFF M, CZURDA K, 2008. Landslide susceptibility analysis with a heuristic approach in the Eastern Alps (Vorarlberg, Austria)[J]. Geomorphology, 94(3/4): 314-324.

SADER S, HUSTI I, DARÓCZI M, 2020. Enhancing failure mode and effects analysis using auto machine learning: a case study of the agricultural machinery industry[J]. Processes, 8(2): 224.

SAHA S, ARABAMERI A, SAHA A, et al, 2021. Prediction of landslide susceptibility in Rudraprayag, India using novel ensemble of conditional probability and boosted regression tree-based on cross-validation method [J]. The science of the total environment,764:142928.

SAITO M, 1969. Research on forecasting the time of occurrence of slope failure[C]//Proceedings of 6th International Conference on Soil Mechanics and Foundation Engineering.

SHANNON C E, 1948. A mathematical theory of communications[J]. The bell system technical journal,27:379-423,623-656.

SHARMA S, SAHA A K, 2020. M-MBOA: a novel butterfly optimization algorithm enhanced with mutualism scheme[J]. Soft computing,24(7):4809-4827.

SHEN D G,WU G R,SUK H I,2017. Deep learning in medical image analysis[J]. Annual review of biomedical engineering,19:221-248.

SHI W Z,ZHANG M,KE H F,et al,2021. Landslide recognition by deep convolutional neural network and change detection[J]. IEEE transactions on geoscience and remote sensing,59(6):4654-4672.

SNIEDER E,SHAKIR R,KHAN U T,2020. A comprehensive comparison of four input variable selection methods for artificial neural network flow forecasting models[J]. Journal of hydrology,583:124299.

SONG C Q, FAN C Y, ZHU J Y, et al, 2022. A comprehensive geospatial database of nearly 100 f000 reservoirs in China[J]. Earth system science data,14(9):4017-4034.

SONG J H,WANG Y,FANG Z C,et al,2020. Potential of ensemble learning to improve tree-based classifiers for landslide susceptibility mapping[J]. IEEE journal of selected topics in applied earth observations and remote sensing,13:4642-4662.

SONG Q Q,JIN H F,HU X,2022. Automated Machine Learning in Action[M]. Shelter Island:New York Manning Publications Co.

SPRING R, SHRIVASTAVA A, 2017. Scalable and sustainable deep learning via randomized hashing [C]//Proceedings of the 23rd ACM SIGKDD International Conference on Knowledge Discovery and Data Mining. Halifax, NS, Canada. ACM: 445-454.

SUN Z,SANDOVAL L,CRYSTAL-ORNELAS R,et al,2022. A review of Earth Artificial Intelligence[J]. Computers and Geosciences,159:105034.

TAALAB K,CHENG T,ZHANG Y,2018. Mapping landslide susceptibility and types using Random Forest[J]. Big earth data,2(2):159-178.

TANG H M, WASOWSKI J, JUANG C H, 2019. Geohazards in the three Gorges Reservoir Area, China-Lessons learned from decades of research [J]. Engineering geology,261:105267.

TANG M G,XU Q,YANG H,et al,2019. Activity law and hydraulics mechanism of landslides with different sliding surface and permeability in the Three Gorges Reservoir Area,China[J]. Engineering geology,260:105212.

TANG W, LIAO Z J, ZOU Q, 2016. Which statistical significance test best detects oncomiRNAs in cancer tissues? An exploratory analysis[J]. Oncotarget, 7(51): 85613-85623.

TIAN Y J,QI Z Q,JU X C,et al,2014. Nonparallel support vector machines for pattern classification[J]. IEEE transactions on cybernetics,44(7):1067-1079.

TRIPEPI G,JAGER K J,DEKKER F W,et al,2008. Linear and logistic regression analysis [J]. Kidney international,73(7):806-810.

TSANGARATOS P,ILIA I,2016. Comparison of a logistic regression and Naive Bayes classifier in landslide susceptibility assessments:the influence of models complexity and training dataset size[J]. Catena,145:164-179.

TSILIGKARIDIS T,2021. Information Aware max-norm Dirichlet networks for predictive uncertainty estimation[J]. Neural networks,135:105-114.

VAKHSHOORI V,POURGHASEMI H R,ZARE M,et al,2019. Landslide susceptibility mapping using GIS-based data mining algorithms[J]. Water,11(11):2292.

VALADE S,LEY A,MASSIMETTI F,et al,2019. Towards global volcano monitoring using multisensor sentinel missions and artificial intelligence:the MOUNTS monitoring system[J]. Remote sensing,11(13):1528.

VANDAO D,JAAFARI A,BAYAT M,et al,2020. A spatially explicit deep learning neural network model for the prediction of landslide susceptibility[J]. Catena, 188:104451.

VARNES D J,1978. Slope movement types and processes[M/OL]//SCHUSTER R L, KRIZEK R J. Landslide analysis and control,spercial repert 176,Transportation Reseach Board,National Academy of Sciences, Washington DC. https://onlinepubs. trb. org/Onlinepubs/sr/sr176/176-002. pdf.

WANG H J,ZHANG L M,LUO H Y,et al,2021. AI-powered landslide susceptibility assessment in Hong Kong[J]. Engineering geology,288:106103.

WANG L Q,ZHANG Z H,HUANG B L,et al,2021. Triggering mechanism and possible evolution process of the ancient Qingshi landslide in the Three Gorges Reservoir[J]. Geomatics,natural hazards and risk,12(1):3160-3174.

WANG Q,WANG Y,NIU R Q,et al,2017. Integration of information theory,K-means cluster analysis and the logistic regression model for landslide susceptibility mapping in the Three Gorges area,China[J]. Remote sensing,9(9):938.

WANG Y K,TANG H M,WEN T,et al,2020. Direct interval prediction of landslide displacements using least squares support vector machines[J]. Complexity, 2020:7082594.

WANG Y,FANG Z C,HONG H Y,2019. Comparison of convolutional neural networks for landslide susceptibility mapping in Yanshan County,China[J]. The science of the total environment,666:975-993.

WANG Y,FANG Z C,WANG M,et al,2020. Comparative study of landslide susceptibility mapping with different recurrent neural networks[J]. Computers and geosciences,

138:104445.

WANG Z Y, SRINIVASAN R S, 2017. A review of artificial intelligence based building energy use prediction: contrasting the capabilities of single and ensemble prediction models[J]. Renewable and sustainable energy reviews, 75:796-808.

WU S R, SHI L, WANG R, et al, 2001. Zonation of the landslide hazards in the forereservoir region of the Three Gorges Project on the Yangtze River[J]. Engineering geology, 59(1/2):51-58.

WU S S, HU X L, ZHENG W B, et al, 2021. Effects of reservoir water level fluctuations and rainfall on a landslide by two-way ANOVA and K-means clustering[J]. Bulletin of engineering geology and the environment, 80(7):5405-5421.

WU X L, CHEN X Y, ZHAN F B, et al, 2015. Global research trends in landslides during 1991-2014: a bibliometric analysis[J]. Landslides, 12(6):1215-1226.

WU X L, REN F, NIU R Q, 2014. Landslide susceptibility assessment using object mapping units, decision tree, and support vector machine models in the Three Gorges of China[J]. Environmental earth sciences, 71(11):4725-4738.

XIA D, TANG H M, SUN S X, et al, 2022. Landslide susceptibility mapping based on the germinal center optimization algorithm and support vector classification[J]. Remote sensing, 14(11):2707.

XIE Y Z, EBAD SICHANI M, PADGETT J E, et al, 2020. The promise of implementing machine learning in earthquake engineering: a state-of-the-art review[J]. Earthquake spectra, 36(4):1769-1801.

XU Y, GAO X J, SHEN Y, et al, 2009. A daily temperature dataset over China and its application in validating a RCM simulation[J]. Advances in atmospheric sciences, 26(4): 763-772.

YALCIN A, 2008. GIS-based landslide susceptibility mapping using analytical hierarchy process and bivariate statistics in Ardesen (Turkey): comparisons of results and confirmations [J]. Catena, 72(1):1-12.

YALCINKAYA M, SINGH V, 2015. Patterns and trends in Building Information Modeling (BIM) research: a Latent Semantic Analysis[J]. Automation in construction, 59:68-80.

YANG H, MOODY J, 1999. Feature selection based on joint mutual information[C]// Proceedings of international ICSC symposium on advances in intelligent data analysis, Citeseer.

YANG L, SHAMI A, 2020. On hyperparameter optimization of machine learning algorithms: theory and practice[J]. Neurocomputing, 415:295-316.

YAO X, THAM L G, DAI F C, 2008. Landslide susceptibility mapping based on Support Vector Machine: a case study on natural slopes of Hong Kong, China [J]. Geomorphology, 101(4):572-582.

YUAN X F, OU C, WANG Y L, et al, 2021. A layer-wise data augmentation strategy for deep learning networks and its soft sensor application in an industrial hydrocracking process[J]. IEEE transactions on neural networks and learning systems, 32(8): 3296-3305.

ZHANG D M, SHEN Y M, HUANG Z K, et al, 2022. Auto machine learning-based modelling and prediction of excavation-induced tunnel displacement[J]. Journal of rock mechanics and geotechnical engineering, 14(4): 1100-1114.

ZHANG H, 2004. The optimality of naive Bayes[C]//Proceedings of the Seventeenth International Florida Artificial Intelligence Research Society Conference (FLAIRS 2004), California: The AAAI Press.

ZHANG J R, TANG H M, TANNANT D D, et al, 2021. Combined forecasting model with CEEMD-LCSS reconstruction and the ABC-SVR method for landslide displacement prediction[J]. Journal of cleaner production, 293: 126205.

ZHANG K Q, WANG L Q, DAI Z W, et al, 2022. Evolution trend of the Huangyanwo rock mass under the action of reservoir water fluctuation[J]. Natural hazards, 113(3): 1583-1600.

ZHANG Q, HU W, LIU Z, et al, 2020. TBM performance prediction with Bayesian optimization and automated machine learning[J]. Tunnelling and underground space technology, 103: 103493.

ZHANG W G, HE Y W, WANG L Q, et al, 2023. Landslide Susceptibility mapping using random forest and extreme gradient boosting: a case study of Fengjie, Chongqing[J]. Geological journal, 58(6): 2372-2387.

ZHANG Y H, GE T T, TIAN W, et al, 2019. Debris flow susceptibility mapping using machine-learning techniques in Shigatse area, China[J]. Remote sensing, 11(23): 2801.